U0142367

ノーモア・ミナマタ——司法による解決のみち

拒絕水俁
——以司法解決的道路

水俁病不知火患者會
拒絕水俁國賠等訴訟辯護團
拒絕水俁編輯委員會
【編輯】

【翻譯】
鳥飼香代子
董怡汝
青山大介

【審訂】
安井伸介

推薦序

　　2010年夏天，因著國科會（現為科技部）的研究計畫，踏入了寧靜的水俣。這個傍著不知火海的小城，正式的名稱是水俣市，但我只喜歡稱它為水俣（Minamata），因為總感覺這兩個字帶著淡淡的屬於心底深處的愁。沿著肥薩おれんじ鐵道搭著普通車緩緩到達極其簡約的水俣車站，心裡輕聲嘆息著，終於要跟你見面了。在謹慎閱讀了大量的相關文獻之後，在恭敬觀看了土本典昭導演所拍攝的幾支記錄片之後，也在詳細確認了地方組織的訪談行程之後，終於，要跟水俣面對面了。那一年夏天，在到處約訪的過程中，以及與水俣病患接觸的經驗裡，逐漸發現自己先前對於水俣病患與其家屬所承受的痛楚，像隔層紗一般地體認得太少太少，不及其萬分之一。事實上，那種刻骨的痛楚，無所不在地鑲嵌在患者與家人恐懼不安的心裡，在因病而日漸衰殘的身體裡，在被社會歧視的痛苦裡，在子女失去罹病父母的吶喊裡，也在父母不捨子女成為胎兒性患者的深深憂慮裡。

　　然而，水俣病患與家人所承受的痛苦並不僅止於此。從1956年5月1日水俣病被正式確認到現在，已經將近59年，在這段漫長的年歲裡，被正式認定的水俣病患者已有2,979人，

其中生存者僅601人。但期間國家政府與污染者窒素公司先是對於水俁病因果關係的研究多所妨礙，並隱匿研究結果，最後在證據確鑿之後卻輕慢處理賠償事宜，而且國家政府堅持著嚴格的水俁病認定標準，試圖減少水俁病患的認定人數，即便在各地方法院與福岡高等法院對於水俁病患的認定判決，已明白顯示國家認定標準的不合理，但國家政府堅持不改判定標準。長期的訴訟帶來另一種身心俱疲無止無盡的痛苦，終於，在熊本縣政府與國家的責任仍舊曖昧不明、國家認定標準絲毫未改、以及水俁病患未被明白承認的情況下，高達11,000名病患選擇接受1996年的政治解決，而社會大眾也普遍認為水俁病事件已經因此劃下句點。但是事實並非如此，在受害者、家屬以及長期陪同奮鬥的律師團心裡，都認為如此草率行事無法尋回社會正義，因為當時不知火海沿岸地區居民約有20萬人，曾經大量食用污染海鮮者，應該還有很多，而且目前尚有許多受害者在國家政府的嚴格判定標準之下被拒於補償大門之外。是的，造成大量傷亡的公害事件，不應該在國家責任未明，水俁病認定不清，且尚有為數眾多的受害者無法得到應有的尊重與補償之下，草草協商了事。

在國家所扶持的企業闖下如此滔天大禍之後，國家到底該負什麼責任？國家政府不願誠實面對自己的責任，還設定了嚴格的水俁病認定標準，這些行徑無疑是對污染受害者的傲慢，

而本書所記載的「拒絕水俣國家賠償等訴訟」，就是對這種傲慢的反擊，也是為爭取正義所進行的爭戰。從2005年開始一連串的集體訴訟策略，是以國家、熊本縣政府與窒素公司為被告，透過司法程序，期望法院能判決提出和解勸告，藉以改變國家政府強硬不與原告和解的態度，並逼迫其上談判桌。集體訴訟從第一批僅50人的原告團，到第二批的503人，至2009年原告人數突破2000人，逐漸成為一個龐大的訴訟案件。然而，其中經過了很多艱難的挑戰，包括國家政府試圖分裂原告團、社會普遍認為1996年的政治解決已經結束了水俣病事件、許多患者傾向於法院以外的和解、提出訴訟者被流言中傷，以及眾多原告難以證明自己是水俣病患等等。然而，原告團的團結與人數的遽增對國家政府帶來前所未有的壓力，如果不盡快進行談判，原告團的人數勢必與日俱增。終於，國家政府與原告進行了和解談判，也在水俣病判定資料、救助對象地區與年份劃分，以及權利有效期間等方面做出了部分的妥協。

　　為什麼這本書值得閱讀？從書中提供的訴訟紀錄可以看出，本書至少具有兩個深遠的意義。首先，是讓讀者看到「救助所有水俣病受害者」這種幾近天方夜譚卻又令人尊敬的價值觀，如何鼓勵了患者勇敢站出來加入原告團，也如何感動了眾多律師、醫護人員、學者與志願組織，到處奔走提供專業協助。其次，在值得眾人仰望的崇高目標之下，也需要務實的

策略性行動。所以，讀者從書中可以窺得各種穩紮穩打的訴訟策略，例如為了增加原告團的人數，挨家挨戶鼓吹潛在患者進行健康檢查，讓更多水俣病患者浮上檯面。除此之外，還進行全國性的宣傳活動，意圖讓世人了解水俣病事件並未結束，仍有為數眾多的水俣病受害者持續承受著痛苦，而這些策略果然奏效，快速增加了原告人數，使其成為國家政府無法忽略的對象。最令人印象深刻的策略，就是學者與醫師團基於醫學專業設計水俣病共同診斷書，並基此針對每一位原告製作個別診斷書呈交法院，使得水俣病患者的症狀確認有著醫學的根據，也使得水俣病救助對象的判定資料，不再單獨由國家指定醫師所製作的公家診斷書所支配。從這本書中，我們清楚看到了崇高的價值、正義的信念、務實的策略與強權最終的妥協。

　　2011年夏天再訪水俣，到達當日又逢年度夏日祭典──戀龍祭，一位陌生親切帶著淡淡笑意的男子遞來一張去年拍攝的照片，相片裡熱鬧祭典的街上竟然出現了我的身影，陌生人謙恭有禮地解釋，因為心中隱隱相信今天會再見到影中人而隨身帶著照片，希望能夠親自致贈。霎時，在祭典的喧鬧中，滿心感謝的我忽然了解，小小的相信，可能帶來厚厚的溫暖。每一個曾經或正在為了水俣病患者奮鬥的靈魂，正因著心中對正義終將到來的小小相信，而累積成巨大的能量，彼此守護著。「直到最後一位水俣病患者獲得救助之前，抗爭都還會繼續下

去吧！」我的心因為本書結語中簡單的一句話而感動莫名。在此推薦序劃下句點的同時，我誠心向上帝祈禱，願這句話中那份小小的堅持，能為此慘絕人寰的世紀公害帶來更接近正義的未來。祝福這本書，能夠讓全世界更了解水俁病的爭戰。祝福持續中的訴訟，能夠讓水俁病患者終見正義的曙光。祝福靜謐的水俁，能夠從悲傷的過往尋回人類與自然和諧共存的希望。

國立中正大學政治學系教授　李翠萍

2015年2月5日

台灣版序

　　在西方的衝擊以來，日本採取脫亞入歐的富國強兵政策，追求資本主義式的經濟發展，迅速成為世界強國之一。這些現代化的過程，對日本社會產生正負兩面的影響，現代化帶來充裕的物質生活，但同時引起危害健康的「公害病」。在日本最著名的公害病是，在1950年代開始受到社會矚目的「水俁病」、「新潟水俁病」、「痛痛病（イタイイタイ病）」和「四日市公害」的所謂「四大公害病」。由於起初這些疾病的原因不明，症狀詭異，所以被視為「奇病」，除了身體上的痛苦之外，病患者時常受到歧視，遭受極大的精神壓力。本書《拒絕水俁》介紹的就是四大公害病中最受社會矚目的水俁病與其司法鬥爭的紀錄。

　　水俁病的存在被正式確認的是1956年，但至今病患卻尚未完全得到救助，在極大的痛苦中生活著，可見公害病的影響多大。石牟禮道子的《苦海淨土》記錄水俁病患者的情況，透過其生動的文筆與詳細的口述，我們間接地感受得到水俁病的痛苦。

　　水俁病不該被遺忘，不僅是因為其病患者還存在，也是因為水俁病的問題就是現代社會的結構引起的問題，在其他

的社會問題上必定會出現類似的爭議。水俁病患者開始出現的時候，窒素公司與日本政府堅持不承認自身有引起水俁病的責任，因此病患於1969年被迫提出訴訟，向窒素公司要求損害賠償，開始展開司法鬥爭的路線。但採取司法途徑並非一件簡單的事，原告必須證明被告的不法行為以及被告的責任與損害結果的因果關係。正如現在常見的食安問題，飲食與疾病之間的因果關係很難證明，到現在還有一種情況是，尚未得到救助的病患被要求提出過去時常攝取受到水俁污染的海鮮類之證明。這種事到底該如何證明？司法講究證據，在這類問題上進行司法鬥爭的難處就在此。水俁病患者已有將近50年的司法鬥爭經驗，相信本書介紹的紀錄，對其他類似的社會問題也有參考價值。

　　本書原先在日本出版英日雙語版，茲能夠在台灣出版中日雙語版，是許多相關人士努力的結果。原先是日本熊本大學教育學系名譽教授鳥飼香代子老師赴台灣南榮科技大學任教之際，受「拒絕水俁（No more Minamata）國賠等訴訟辯護團」的委託，尋求在台灣出版本書的途徑。由鳥飼老師、董怡汝研究員和青山大介老師翻譯後，本人協助審訂與安排出版事宜。非常感謝鳥飼老師、董老師和青山老師的翻譯，也感謝鄧芳宜同學細心協助校稿，沒有這些艱苦的工作，本書是無法在台灣出版的。五南圖書出版公司副總編輯劉靜芬小姐接受出版

本書，與公司爭取出版的機會，特此感謝。另外，特別感謝中
正大學政治學系的李翠萍教授爲本書撰寫推薦序，李老師是在
台灣研究過水俁病相關議題的少數專家，李老師非常關心水俁
病，從推薦序中可見李老師的用心，令人感動。

致理技術學院應用日語系助理教授　安井伸介　謹識

2015年3月1日

目次
Contents

序

　　水俁病是人類產業活動所造成的極度悲慘而且嚴重的人體傷害，因此一般認為這是公害的原點。

　　水俁病是大量食用污染海產造成的公害病，其污染源為位在熊本縣水俁市的窒素公司水俁工廠排出的廢水含有甲基氯汞，於1956年5月1日正式確認此病症。

　　窒素公司明知會導致發生水俁病，卻還是將未經處置的廢水持續排至不知火海（「八代海」別稱，熊本縣西南部內海）。國家、熊本縣原本可以防止水俁病發生以及擴大，但是以經濟成長優先而沒有採取充分因應對策，結果造成許多人受害。

　　水俁病症狀相當多，輕者感覺障礙到嚴重可導致死亡等，病症尚未完全解謎。再者，嚴重污染時期住在不知火海沿海地區大約有20萬居民，有很多人確實食用相當多海產，但是因為行政部門對於整體實態調查怠慢，到底有多少人受害至今仍無法判斷。

　　經過半世紀以上的時間，水俁病受害者以否定受害事實的加害公司與行政部門為對象，持續要求補償。

　　最高法院判決受害者勝訴（2004年10月），爲了救助受害者通過的「特別措施法」（2009年7月）之後，尚未得到補償的受害者還持續奮鬥著。「特別措施法」拒絕補償的48位受害者於2013年6月20日提起新訴訟。他們的抗爭到現在都還持續著。

　　水俣病之所以經歷如此複雜過程，主因是加害公司與行政單位怠慢擬定公害防止對策與實態調查，並持續將實際受害狀況縮小化。我們將把這樣的錯誤當成一種負面教訓，希望能運用到全世界公害防止以及受害者補償上。

　　期待這本書能產生一些助益。

園田昭人（律師）

執筆者介紹

猪飼隆明

　　大阪大學名譽教授。歷史學家。專門研究幕府時代末期以及明治維新以後的政治史、思想史、社會運動史。主要著作是《西鄉隆盛》（岩波新書）、《西南戰爭──戰爭大義與被動員的民眾》（吉川弘文館）、《Hannah Riddel*與回春醫院》（熊本出版文化協會）、《熊本明治秘史》（熊本日日新聞社）等。關於水俁病問題，曾經發表過「水俁病問題成立之前題」、「以國家政策當靠山的窒素公司企業活動」等考證，另外也擔任過拒絕水俁環境獎審查委員長。

*Hannah Riddel：1855-1932。英國傳教士名字。

北岡秀郎

　　1943年熊本市出生。曾於高中任教，1971年起成爲水俁病訴訟律師團辦公室人員，1975年到1996年間發行月刊「水俁」，不斷報導水俁病問題。另外，亦經歷水俁病抗爭支援熊本縣連絡會議事務局長、痲瘋病國賠訴訟支援全國連絡處長、川邊川利水訴訟支援連絡處長等。持續以刊物報導關於水俁病問題、痲瘋病問題、川邊川水庫問題、原子彈受爆者訴訟、核

電廠事故等相關訊息。

板井優

　　律師。擔任過水俁病訴訟辯護律師團長，在水俁市開設8年6個月的律師事務所，為了解決水俁病問題到處奔走，另外也實際中止過破壞環境的川邊川水庫建設計劃，也擔任過痲瘋病國賠訴訟西日本辯護律師團事務局長。歷任全國公害辯護律師連絡會議事務長、幹事長、代表委員，致力於解決公害問題。現任「廢除核電廠！九州玄海訴訟」律師團共同代表，為了廢除核電廠持續奮鬥著。

前言

近代、現代日本社會的司法角色

猪飼隆明

　　本書的目的在於，釐清一家企業以國家政策當靠山所展開的生產活動，卻帶給地方居民與勞工嚴重「水俁病」受害的事實；同時描述為了救助受害者而展開的大規模長期的司法抗爭之情況。為了闡明我們為何進行司法抗爭，以及其意義，在此我先說明日本明治維新以後近代社會的司法到底扮演什麼定位，以及第二次世界大戰以後又如何演變至今。

一、近代日本司法制度

　　近代日本司法制度始於1868年閏4月21日公布「政體書」（Constitution之日文翻譯），它雖將權力集中在太政官，但模仿近代法制，也規定行政、司法、立法的三權分立，開始在大阪、兵庫、長崎、京都、橫濱、函館等地設置法院，但是這些法院等同於地方行政機關，並非獨立司法機關。一直到廢藩置縣後1871年7月9日設置司法省，設置司法省法院、府縣法

院、區法院以後，仍延續著此種地方行政機關的特質。

　　為了盡量克服此特質，近代日本司法制度體系化的第一步是1875年4月1日設置大審院，將審判權從司法卿轉到大審院。換言之，此時大審院創出上等法院（東京、大阪、長崎、福島〈之後改成宮城〉）─府縣法院（隔年改成地方法院）的順序，同時制定大審院各種法院職制章程、控訴上訴手續、法院事務要領等。

　　之後，為了對抗自由民主運動高漲，政府於1880年7月17日公布刑法、治罪法。此刑法採用罪刑法定主義，廢止身分不同刑罰不同，另外罪行則分成重罪、輕罪、違警罪。再者，依據治罪法規定刑事裁判手續、法院種類與架構等，依不同罪行制定初審法院到大審院的控訴、上訴體系。

　　就這樣與國民運動對抗當中，比等同於國家法律基礎的憲法還早一步制定了司法制度的基礎。然後，在1886年5月制定了法官制度，規定法官、檢察官之錄用、任用資格、保障法官身分、司法行政的監督系統，而且在大日本帝國憲法公布以及1890年帝國議會開會之前，相繼制定法院構成法、民事訴訟法、刑事訴訟法。接下來將說明1893年3月公布的律師法。

二、律師制度時代

（一）代言人制度時代

　　律師扮演的是連結司法場域以及司法以外（社區與社會）的角色。然而，那又是什麼樣的制度特徵呢？律師當時被稱為「代言人」，一開始的「代言人規則」是1876年制定的。依據「代言人規則」，代言人乃精通布告布達的沿革概略、刑律概略以及現今判決手續概略的人，其品行與履歷需經過地方行政官檢查再加上司法卿認可，這就是律師制度的開始。

　　「代言人規則」於1880年5月修正，(1)代言人設置於檢察官監督之下；(2)依法建立代言人工會，各地方法院的地方廳總部各設置一個工會，建議代言人加入工會，此工會就是現在的律師會之前身。另外，代言人考試也改為由司法卿將考題（考試科目是有關民事、刑事相關法律、訴訟手續、判決規則）寄給管轄檢察官，並由檢察官負責監管事宜。

（二）律師法時代

　　1893年5月施行了律師法。隨著法院構成法成立，司法省

原本計畫同時制定大審院、控訴院、地方法院的所屬律師分成三級制以及許多的證照費．保證金為內容的制度，卻沒成功。但規定了律師協會（地方法院各一個）設置於地方檢察廳長強力監督之下；只能商議被司法大臣、法院諮詢之事項及司法或向司法省、法院建議關於律師利害之事項；規定地方檢察廳長出席律師協會；司法大臣針對律師協會決議有宣布無效之權限與議事停止權。

針對上述官製律師協會，鳩山和夫、磯邊四郎（東京律師會會長）、岸本辰雄（島根縣、留學法國，參與策劃明治法律學校創設）、菊池武夫（岩手縣，留學美國，我國最早法學博士）幾位共同於1896年發起設立日本律師協會。此協會之目的是為了會員聯誼、司法制度發展、法律應用的適切性，但是，一旦成立之後就開始主張廢掉預審，主張預審時應搭配律師，另外也討論關於起訴陪審臣、檢察官制度等。

此律師的橫向連結，不久與官製律師會逐漸糾葛，但對於之後重要的法院抗爭產生重要意義，也對日本的法院抗爭帶來影響。

1. 足尾礦毒事件

在由古河礦業的銅山開發而造成的排煙、毒瓦斯、礦物毒水導致周遭居民莫大傷害的足尾礦毒事件當中，1901年引

發「生命救援請願人兇嫌聚眾事件」，有52人被以重罪、輕罪當成被告，此事件中除了東京來了42位律師外，又加上橫濱、前橋、宇都宮也來了16位律師，組成總共58人的律師團。

2. 日比谷燒打事件

　　1905年9月5日反對日俄戰爭之後的講和而引起的所謂日比谷燒打事件（兇嫌聚眾罪）裡面，2,000多名被逮捕人當中有313人被起訴，預審被當成有罪交付公審者達117人。雖然194人預審是免訴，但是有2人死亡。這時有3位律師被以國民大會主謀當成被告。

　　在這事件後，東京律師會看重警察殺傷良民的事實，將東京分成9區，將會長外及54位律師，分配到各區域進行調查公布結果。辯論時分擔任務，主審總論者4人，主審結論者5人，每位被告分配3至5位律師，對於被認為因群眾心理而參加活動的102位被告，有100多位律師參與辯護。最後組成合計152人的大律師團。

3. 大逆事件

　　1910年的大逆事件幾乎可說是捏造的事件。這是一起被當成殺害天皇的計畫，同年12月10日～29日之間大審院禁止

旁聽進行16次公審，隔年1月18日公開判決。這起審判也有11位律師嘗試為被告辯護。

　　不只以上的辯護活動，在明治末期到大正初期之間，有要求將律師、律師協會的監督從地方檢察廳長移到司法大臣的運動，也有律師協會要求在刑事法庭裡律師座位應該從當事者對等座位改成與檢察官座位對等所展開的運動，但是這些都沒有具體實現。順便一提，檢察官與法官一起坐在高台的方式一直持續到戰後1947年為止。

4. 稻米暴動

　　1918年稻米暴動時，日本律師協會在8月19日決議「這次暴動主因是因為政府的糧食問題相關設施不完善，無法了解民心所造成。我們認為應該馬上提出安定國民生活的根本政策。我們在此警告，針對這次暴動如果行使司法權的話不能有任何疏失」，選出糧食問題特別委員16位、暴動事件特別委員16位、人權問題特別委員16位，各特別委員會分別選出5位小委員布陣，將靜岡／愛知、山梨／長野／新潟、廣島／岡山、京都／大阪／兵庫／三重以及九州分成5區，派遣律師前往調查，製作龐大調查報告書，批判政府派出軍隊鎮壓暴動、批判政府禁止新聞報紙刊登事件以及禁止演講等，做成5項決議。

（三）成立自由司法團

　　到目前為止發生的事件，都是沒有組織的大眾運動的辯護活動，但是稻米暴動以後，有組織、階級運動變多，可是都被壓制下來。在這裡面律師團都扮演了重要角色。之後，律師團將階級問題更加突顯出來。

　　1921（大正10）年6月到8月，三菱造船所神戶工廠、川崎造船所同時發生爭議，兩家都展開要求8小時勞動制度、工會團體交涉權以及橫向加入工會的運動。7月29日川崎造船所勞工13,000人聚集在生田神社集會，毅然發起抗議行動。拔刀警察突擊此處，有1位勞工背部被刺造成死亡事件。神戶律師協會將此問題提出並委託律師負責處理，但是東京律師協會馬上成立神戶人權蹂躪調查團協會，派16位委員到神戶，與神戶律師協會一起進行調查，將具體人權侵害事實查明後，在神戶、大阪、東京舉行報告集會。以這些律師為核心，在10月左右成立了「自由司法團」。「神戶人權問題調查報告書」一開頭就寫著「確保權利是法律的使命，而且生命身體的自由是基本權利」，這是調查團最大共識。「自由司法團」就是基於此精神成立，也是自由主義者、社會民主主義者的集結。

　　大正民主經驗中，無產階級運動、社會主義運動是以反對天皇制國家專制主義以及反對戰爭政策的勢力開始出現的。

壓制這股勢力的法規，就是政府1925年成立了「治安維持法」。一開始使用「治安維持法」大規模壓制共產黨，就是1928年的3.15事件以及隔年的4.16事件。

針對這些事件，解放運動犧牲者救援會以律師爲核心，集結勞農大眾以及進步的知識份子，1930年5月成立了國際勞工救援會（1922年創立，Mezhdunarodnaya organizatsiya pomoshchi bortsam revolyutsii）日本分部（通稱「紅色救援會」）。

接下來，爲了3.15事件與4.16事件的法庭抗爭（1931年6月25日第1次公審），1931（昭和6）年4月29日成立了「解放運動犧牲者救援律師團」。他們爲了被告的辯護進行法庭抗爭，同時主辦了岩田義道勞農葬禮，也領回冤死獄中的小林多喜二的屍體等。

之後，1931年成立「全農全國會議律師團」，1933年「解放運動犧牲者救援律師團」、「全農全國會議律師團」結盟，成立了「日本勞農律師團」。他們提出口號：(1)絕對反對資本家、地主的階級審判；(2)治安維持法的犯人全部無罪；(3)即時釋放獄中政治犯；(4)反對白色恐怖；(5)反對帝國主義戰爭；(6)樹立無產階級獨裁社會主義蘇維埃日本而團結。同時發行「社會運動通訊」，除了東京以外，也在橫濱、水戶、前橋、靜岡、新潟、名古屋、大阪、福岡、札幌、京

城、台南等地設立分部。

　　但是，之後「日本勞農律師團」所屬律師一起被拘留調查，此律師團活動是律師從事的活動，被視為「治安維持法」第1條第1項的「目的執行罪」，而且在預審終結判決裡，「解放運動犧牲者救援律師團」、「全農全國會議律師團」被認定是以擴大強化共產黨目的所進行的「秘密結社」，被否定存在價值。至此，「自由司法團」、「日本勞農律師團」可以說是完全毀滅了。

三、戰後日本社會與司法

（一）日本憲法與戰後的審判制度

　　日本接受波茨坦宣言無條件投降，長達15年的戰爭帶給亞洲各國及其國民莫大犧牲（殺害2,000萬人），也造成自己國民極大犧牲，決定深刻反省不再造成戰爭。以和平的生存權以及基本人權為人類普遍權利，為達此目標，確立主權在民制定了日本憲法。日本國民與日本以此向全世界宣言，約定實行此憲法。日本現行的人權、民主以及追求和平的運動都來自於此憲法。

　　日本憲法採三權分立主義，立法權屬國會（第41條）、行政權屬內閣（第65條）、「所有司法權歸屬最高法院以及依據法律設置的下級法院」（第76條第1項）。而且規定「所有法官應秉持良心獨立進行職務，僅受憲法與法律之約束」，聲明法官獨立以及司法權獨立。

　　最高法院下面的下級法院，有高等法院（8處）、地方法院（都道府縣各一處）、家庭法院（與地方法院同一地區）以及簡易法院（以1～2個警局為單位，共設置575廳）。這些當中，第1審法院原則是地方法院、家庭法院、簡易法院，第2審法院原則是高等法院，第3審法院原則是最高法院。但是全部都只是原則規定，例如簡易法院的民事事件到了地方法院是第2審審判，高等法院是第3審法院，如果提出特別上訴的話，最高法院就是第4審。

（二）戰後復興與公害問題的發生

　　日本戰後是從荒廢當中重新開始的。美軍GHQ占領政策中，政府擔任經濟復興計劃的國家機關，1946年8月設置經濟安定總部，12月決定「傾斜生產方式」。這是為了讓毀滅的日本經濟復興，將資金與資材集中在煤炭與鋼鐵等基礎部門，透過全力生產的方式步入軌道。以日本興業銀行復興融資部

為主體創造了復興金融公庫（復金），將融資集中在煤炭、鋼鐵、電力、肥料、海運等，而水俁的日本窒素公司就是對象之一。日本窒素公司創業於1908年，接受政府戰爭政策支援而發展，但是因為空襲遭到破壞。戰後又接受政府支援配合增產糧食、增產肥料重新振興。這是一個與國家結合以發展產業活動為使命的企業，但是卻沒有回顧其企業活動不斷破壞環境，導致對地方居民與周邊居民的健康與生命帶來莫大影響。這個企業便以這樣的模式促成了經濟復興。

　　復興期之後緊接著是高度經濟成長期，環境與健康幾乎是完全被漠視的。公害問題的發生也更加嚴重。企業只關心增加生產力，幾乎不做安全與環境保護投資，建立起資源浪費型重化學工業為主的產業結構，因此，企業聚集的地區非常快速產生大氣污染以及廢水造成的水質污濁。而日本窒素公司工廠廢水完全沒有經過任何處理就排進水俁灣，導致居民食用受有機水銀汙染的魚類而被奪走生命與健康。

（三）肇因企業、地方居民與司法

　　鑒於公害問題越來越嚴重，作為對症療法，政府於1958年制定水質二法，1962年制定排煙限制法。但是，並沒有抑制產業優先的狀況，全國各地因公害所苦的受害者以及地方

地圖1　日本地圖及四大公害審判

關西（Kansai）地區大約等同於近畿（Kinki）地區

居民為主展開的反對公害運動，慢慢地撼動地方政府、撼動法院、撼動國家。

　　日本第一次提起公害審判是新潟縣民，也就是一般所謂的第二次水俁病，這與熊本水俁病原因同樣都是有機水銀造成的。肇因企業昭和電工鹿瀨工廠將工廠廢水排到阿賀野川

造成有機水銀中毒。受害居民於1967年9月向新潟地方法院提告。這起抗爭，後來又引發因四日市石油聯合企業造成大氣污染而罹患呼吸器疾病的受害者，於同年9月在津地方法院四日市支部提告。接著又發展成1968年3月富山縣鎘中毒事件（肇因企業是富山縣神通川上流的三井金屬神岡礦山）提告（富山地方法院），以及隔年1969年6月的水俁病訴訟（熊本地方法院）。

這就是所謂四大公害訴訟，受害程度與規模（大範圍）相當殘酷也非常嚴重，但是進入審判鬥爭前需要一段時間，開始審判後又必須長期鬥爭下去，在這一點上可見水俁病問題包含著必須解決的嚴重問題，而其問題呈現在肇因企業與該地區、國家與地方行政之間的關係上。

日本窒素公司在水俁地區與居民之間經濟生活、社會生活等等都有密切關係，而且在行政層面與水俁市難以切割（水俁地區因日本窒素公司而發達，因而被稱為日本窒素公司的企業都市）。這（水俁居民依賴日本窒素公司的關係）與地方傳統的職業歧視結構也有關，因此受害者發出聲音批判企業是相當困難的。

正因為如此，審判抗爭原本就是一種從許多障礙當中獲得自由的抗爭，所以必須要有相當大的覺悟。

但由於在司法舞台抗爭的水俁病，不只是一場正義的抗

爭，還是一種爭取人的尊嚴與人權的抗爭，也是一種受害者與周邊居民的共同抗爭，因此更爲廣泛的知識分子與有心人一起加入抗爭，進而一一取得勝利，即爲造就了受害者本身的主體性的一大要因，但持續將受害者與周邊居民連接起來的關鍵角色則是律師團。戰後的律師以1949年修正公布的「律師法」中「擁護基本人權，實現社會正義」（第1條）爲使命，要貫徹文字的精神並不容易，但是戰前的抗爭歷史中，律師團已經不斷關心水俁病問題，這正是關心形成的具體實踐。

　　以水俁病問題爲核心的抗爭史，就是戰後日本對於人的尊嚴與人權，甚至是環境權的總稱，這對於創造人類與自然幸福共生的環境而言，持續扮演著重要角色。

水俣病的歷史

一、水俣病的發生

（一）水俣病發生的歷史

　　水俣病是發生在日本列島南方的九州熊本縣水俣市的水污染公害。之所以被稱爲水俣病，是由發生問題的水俣市的地名而來的。造成汙染原因的物質是一種叫甲基氯汞的有機水銀，在日本窒素股份有限公司（簡稱「窒素公司」）水銀工廠排出的廢水裡面，發現含有大量的甲基氯汞。甲基氯汞在食物鏈當中被海鮮吸收，當地居民再大量食用受甲基氯汞污染的海鮮，就會罹患水俣病。

　　1956年5月1日水俣病正式被確認，1965年公布本州中部附近的新潟縣發生第2個水俣病（通稱新潟水俣病）。新潟的肇因企業是昭和電工鹿瀨工廠，位於阿賀野川上游。

　　公害對策的傳統方法是將工廠排出的廢水稀釋。但是，當時水俣的工廠廢水是排到水俣灣，而水俣灣位於不知火海內海

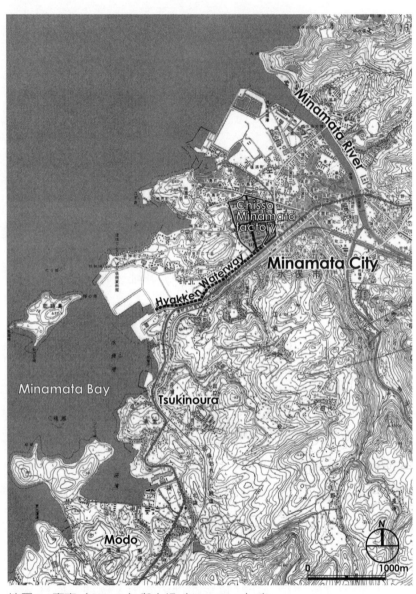

地圖2　窒素（Chisso）與水俁（Minamata）市

此圖依據日本國土地理院公布的1:25,000地形圖（水俁地區）

的封閉水系，新潟的阿賀野川也是封閉水系。兩者工廠都蓋在非常難稀釋甲基氯汞的封閉水系附近。

窒素公司來到熊本縣南端小漁村水俁是1908年。1906年，窒素公司在鹿兒島縣大口蓋了發電廠。那裡生產的豐富電力，加上以不知火海全區開採的石灰岩爲原料，成功發展碳化物製造等電氣化學工業，接著又開發氨、乙醛、合成醋酸、氯乙烯等，發展成我國非常大規模屈指可數的電氣化學工業。

窒素公司因爲第二次世界大戰敗戰，失去朝鮮半島以及中國等亞洲各地海外全部資本，水俁工廠也因美軍轟炸而造成巨大損失。但是，戰後因爲政府支援復興快速發展，而水俁也因窒素公司而發展成企業都市。

乙醛是以造成水俁病直接原因的水銀當觸媒，其生產量在1960（昭和35）年達到45,000噸。此時全國市占率已從25%上升到35%，因此窒素公司成了日本國內的首要企業。

1950年左右開始大量生產乙醛，水俁灣附近的各種環境也開始變化。水俁灣內排水口附近浮出髒東西，貝類開始不見了。不久，汙染擴大到整個灣，灣的周邊浮出大量魚群，還出現搖搖晃晃游著的魚，甚至貝類張著嘴死亡。陸地上出現貓到處狂奔，甚至跳海死亡。海鳥和烏鴉無法飛行而在地上爬行至死。居民對於海水產生異常變化有不祥預兆，但是爲了生活，還是持續捕魚來吃，繼續賣魚維生。

照片1 窒素公司出現之前的水俁（攝影師：北岡秀郎）

水俁灣是「豐饒之海」

照片2 窒素公司出現之前的水俁（攝影師：北岡秀郎）

水俁灣是「神明保佑之岬」

　　1956年4月21日，在水俁沿岸捕魚的造船木工的5歲女兒，住進當時水俁地區醫療水準最高的窒素公司附屬醫院。當時小女孩無法使用筷子，走路搖搖晃晃，說話也不清楚。而且鄰居有好幾位小孩也有這種症狀。當時確認病狀的窒素公司附屬醫院院長細川一，同年5月1日向水俁保健所報告「4位主要症狀出現於腦部，但發病原因不明的患者住院」。之後，這一天就被當成正式確認水俁病的日子。

　　接受此報告後，地方醫師會等相關機關開始召開對策會議，並將地區醫療機構病歷整理調查，結果發現在1953年12月也有5歲女孩發病。於是這位患者被當成第一位水俁病患者。但是，以水銀當觸媒生產乙醛是從1932年開始，所以這種疾病實際上應該在更早之前就發生了，只是當時不知道是什麼疾病而被忽略不管。

（二）追究患者發生原因

　　因為發生這嚴重的「奇病」，於是以熊本大學醫學院為核心成立了研究班。熊大研究班讓患者以學術研究患者名義住院，進行流行病學研究與病理解剖。1956年11月時，研究結果顯示「原因是某種重金屬」，而進入人體的途徑是「海鮮類」。若在這時就正視對人體有害的物質就是經由海鮮類而引

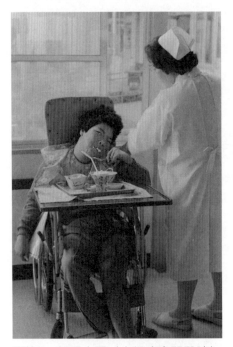

照片3　於明水園（水俁病專門醫院）
　　　（攝影師：北岡秀郎）

照片4　水俁病受害者（攝影師：北岡
　　　秀郎）

福田イツ子（享年12歲，生前一直沒被
認定爲胎兒性水俁病）

發疾病的事實，馬上採取禁止食用海鮮類等等適當措施的話，
即使還無法解釋致病結構爲何，也應該可以防止罹病人數增
加。這就是國家與熊本縣第一次、也是最大的失策。

　　雖然窒素公司水俁工廠被懷疑是污染源，但是，窒素公司
還是持續排放完全沒有處理過、含有機水銀的廢水。

　　1959年7月，熊大研究隊終於發表致病原因爲有機水銀，
但窒素公司也馬上以「從科學常識來看非常不合理」來反駁熊

大研究班的有機水銀一說。也有其他窒素公司加盟的日本化學工業會發表了「原因是戰後丟棄的炸藥」，以及政府授意的學者發表了「胺中毒說」等，對熊大研究隊進行了各式各樣的反駁與妨礙。

其中，以熊大研究班爲核心的厚生省食品衛生調查會水俣食物中毒分會，於1959年11月向厚生大臣回報「水俣病的主因是水俣灣周邊的海鮮類中含有的有機水銀化合物」。但厚生省不願承認此報告，便在報告隔天將該分會解散了。窒素公司反駁熊大研究班的同時，在其背後實際上自己也進行「貓實驗」，將混入工廠廢水的飼料給貓吃。然後，這隻貓（稱爲400號）於1959年10月發生水俣病，但是工廠把這件實驗當成機密，而且判斷「原因不明」。就這樣，針對熊大研究班等所做的原因分析，窒素公司、日本化學工業會、厚生省等一致隱匿、反駁與妨礙事實。

但是，熊大研究班還是繼續研究。隔年，熊大研究班從水俣灣產的貝類抽出有機水銀化合物結晶。接著，1962年8月從窒素公司乙醛工廠的水銀渣檢驗出甲基氯汞等，以科學手法找出無法否認的事實眞相。熊大研究班在1963年2月發表科學結論「水俣病是因爲食用水俣灣產的海鮮引起的中毒病症，肇因物質是甲基氯汞化合物」「這些物質是從水俣灣產的貝類以及窒素公司水俣工場淤泥檢驗出來的」。這是追究眞理的大學研

究者奮鬥出來的成果。

另一方面，回顧國家的對應方式，在水俣病發生的初期，國家（厚生省）就開始進行原因追究，但是當追究的對象轉向窒素公司時，反而開始將原因隱匿。

1956年發表重金屬一說時，熊本縣照會厚生省「適用食物衛生法，望可禁止捕捉水俣灣產的海鮮類」。對此，因必須由中央與縣政府各負責一半補償費用，所以厚生省給了「無明確根據證明水俣灣產的海鮮類皆有毒，故無法適用此法條」之答覆。另外，因為也無法適用1958年制定的水質保護法與工廠排水限制法，所以窒素公司沒有處理的廢水問題還是繼續擱置。厚生省與科學技術廳，亦即國家承認水俣病「是窒素公司水俣工廠造成的公害」，已是全日本的乙醛工廠消失後的1968年9月的事了。

（三）窒素公司對受害者的不誠實因應

窒素公司工廠廢水沒有處理就排出造成的海洋汙染，是工廠設立當時就已經開始了。污染越來越嚴重，工廠在大正時期已經和水俣漁會締結過漁業受害補償協定。但當患者出現以及這場災難逐漸浮出檯面時，已是官方正式承認的1956年了。

之後，工廠還是繼續增產乙醛，而隨著增產，患者便不斷

照片5 肇事企業窒素水俣工廠（攝影師：北岡秀郎）

地增加。

水俣漁會開始要求補償以及追究原因。於是，窒素公司於1958年變更排水路徑，將原先注入水俣灣造成嚴重污染的百間排水口，更改為經過水俣川河口的八幡游泳池且排入水俣川。國家對此相當震驚，窒素公司在1959年11月讓路徑又恢復到百間排出口。換言之，窒素公司對於污染源追究原因沒有採取任何措施，之後還持續增產乙醛，於是水俣病發生地區擴大至不知火海全區。

事態發展至此，窒素公司1959年12月30日透過熊本縣長等人斡旋，第一次與患者團體締結協議。但是，並不是賠償，

而是以不明原因爲前提，派人前往探望患者，稱爲「撫恤金契約」。窒素公司這時原本已經透過前述「貓實驗」知道自己就是導致水俁病的元兇，但是契約內容卻是：(1)死亡者30萬日元的低價補償；(2)即使水俁病原因證明是窒素公司，也不再做新的補償；(3)如果原因證明不是窒素公司的話將終止這個補償。可見這是非常不合理的內容。

　　但是，因爲生病無法工作，相當欠缺治療費以及每天生活費的病患們，最後只能妥協與工廠締結契約。後來，這個契約在熊本第一次訴訟判決裡，以「利用患者的無知以及經濟窮困，以極端低廉的撫恤金，讓患者放棄損害賠償請求權」爲由，以違反公共秩序與善良風俗被判無效。

　　1959年7月，因爲熊大研究班發表的有機水銀說，水俁漁民強烈要求淨化工廠廢水。於是，窒素公司宣稱同年12月加裝了排水淨化循環裝置，廢水已經變乾淨，水俁病已經結束。在完工記者會上工廠廠長還喝了號稱經過排水淨化循環裝置的廢水給大家看。但是，之後追究發現那些水只是平常的自來水，該淨水裝置並沒有去除水銀的目的與性能。結果，導致水俁病的有機水銀並沒有被淨化，一直持續排到1966年改爲完全循環式爲止。窒素於1968年5月停止生產乙醛，4個月後政府才第一次承認水俁病是窒素公司造成的公害病。

二、審判過程

（一）熊本水俣病第一次到第三次訴訟

　　水俣地區以窒素公司企業都市而繁榮，即使知道原因是窒素公司工廠排出的廢水，可是要以窒素公司為對象追究責任並非容易之事。但是，眼看窒素公司持續欺瞞的因應態度，要求正當的受害回復只能透過審判，所以患者決定提告。

　　熊本水俣病第一次訴訟（1969年6月提告）最大焦點是過

照片6　第一次熊本水俣病訴訟（攝影師：北岡秀郎）

將悲情、痛苦與亡者的遺憾銘記於心，追求安心生活的權利

失責任是否爲窒素公司。熊本地方法院判決（1973年3月20日），將窒素公司定罪並確認它的過失責任，將前述「撫恤金契約」以違反公共秩序與善良風俗判爲無效，每位患者損害賠償是1600萬日元～1800萬日元。這個劃時代判決之後，窒素公司與患者團體之間締結補償協定，行政部門以處理水俣灣汙泥做出臨時處分，後來再發展成窒素公司社長們刑事事件的有罪判決。

熊本水俣病第二次訴訟（1973年1月提告），成爲了救助未受認定患者的開始。此時，國家認定標準相當嚴格，而且判斷人是國家選出來的特定醫學人員，採取「大量捨去政策」。國家認定的標準被稱爲「昭和52年判斷條件」，以複數症狀組合作爲水俣病認定條件，只有感覺障礙的話無法認定，是相當嚴格的內容。但是第二次訴訟時，熊本地方法院於1979年3月做出的判決並沒有採用國家的認定標準，14人當中有12人被認定爲水俣病。

接著，1985年8月福岡高等法院判決，即使只有四肢知覺障礙，只要被判斷有食用過多污染魚等符合流行病學之條件，就可認定爲水俣病。這個判決把國家「以複數症狀結合作爲水俣病認定條件，只有感覺障礙無法認定」的嚴格認定標準以及認定審查會，批判成「國家認定標準有破綻」。如此，國家「大量捨去政策」的問題點成了重要討論焦點。

即使持續勝訴，國家（環境廳）不改認定標準的態度還是沒變。原告與律師團爲了救助患者，思考有必要將國家責任闡明進而轉變國家政策，於是大量（1,400人）向熊本地方法院提告，並擴大到全國（在新潟、東京、京都、福岡提告，並組成全國連盟），要求國家與熊本縣責任的審判，這就是所謂熊本水俁病第三次訴訟。1987年3月，第一批熊本水俁病第三次訴訟（1980年5月）做出的判決，熊本地方法院判決結果是認定國家與熊本縣的責任，因而全面勝訴。之後，1990年9月從東京地方法院開始，各法院都做出勸告和解判決，1993年1月福岡高等法院和解案提出綜合對策醫療治療費、療養津貼再加上暫時補助金（800萬日元、600萬日元、400萬日元）。但是，國家拒絕接受。

之後，1993年3月熊本地方法院第三次訴訟的第二批判決，以及同年11月京都地方法院判決，都以「符合流行病學條件並被判定四肢末梢感覺障礙，且無法明確認定其原因爲其他疾病者即屬水俁病」爲由，認定國家與熊本縣的責任。如此，各地方法院以及福岡高等法院相繼提出國家的嚴格判斷標準有破綻，但是國家還是不改想法。

在地方法院相繼認定國家責任，不斷被追究責任的國家（政府）也開始動起來了。1995年12月提出政府解決方案，隔年原告團接受此方案，也跟窒素公司締結協定。即所謂

1996年的政治解決，其中並沒有明白承認，國家與熊本縣須承擔患者罹患水俁病的責任，是相當曖昧的內容。但是，因爲原告高齡化以及爲了儘早救助大量原告，包含後來成立的拒絕水俁病受害者、律師團全國聯絡會議（全國連）的原告共11,000位病患最後選擇了接受政治解決。

照片7　第三次熊本水俁病訴訟（攝影師：北岡秀郎）

「不用說肇事企業窒素，連試圖隱蔽的國家縣政府也同罪！負起責任！」

超越悲情與遺憾，絕不能再度發生同樣的過錯

（二）關西訴訟最高法院判決（2004年10月）與之後的動向

另外，過去住在水俁灣後來搬到關西的患者成立關西訴訟原告團，要求的不是政治解決，而是法院審判。

2001年4月27日關西訴訟控訴判決（大阪高等法院）認定不只窒素公司有責任，也認定國家、熊本縣的責任，而且只有感覺障礙也可以認定是水俁病。之後，2004年10月15日，最高法院支持大阪高等法院判決，認定國家與熊本縣的責任。針對水俁病症狀，最高法院認同2001年大阪高等法院的判決。

大阪高等法院的判決內容是：(1)過度攝取水俁灣周邊地區受汙染海鮮的證明；(2)適用以下三要件之一的話，即以此標準認定爲甲基氯汞中毒。

①被認定舌尖兩點識別感覺異常者，以及指尖兩點識別感覺異常者，但是並沒有受到頸椎狹窄等影響者。

②家人當中有被認定爲患者，有四肢末稍感覺障礙者。

③已因死亡等原因而無法接受兩點識別感覺檢查的人當中，嘴巴旁邊有出現感覺障礙或者傳達神經產生視野狹窄現象者。

換言之，最高法院也認同大阪高等法院將感覺障礙認定成水俁病。

　　1996年的政治解決後，水俁病問題就被視爲結束了。但是，關西訴訟最高法院的判決讓事情急轉直下。因爲在2004年關西訴訟最高法院的判決中，以比國家的嚴格認定標準還要寬的條件認定患者爲水俁病，也就此更改了行政單位的認定標準，使眾人期待能獲得新的救助，申請認定者便急速增加。

　　但是，國家（環境省）以「最高法院的判決並沒有直接否定認定標準」當成逃避責任的藉口，不願意改變判斷標準。結果，歷經好幾次訴訟，也歷經最高法院的判決，國家仍堅決拒絕對於水俁病患者的根本性救助之態度相當明顯。國家態度如此，水俁病患者再度認識到國家除了法院審判之外是不會改變態度的，因此以國家當對象再度提起訴訟，要求救助的人不斷增加。

　　於是，2005年10月3日「不知火患者會」會員重新成立了50人的原告團，在熊本地方法院提起「拒絕水俁國家賠償等訴訟」。

「拒絕水俁國家賠償等訴訟」奮鬥記錄

一、審判追求的目標

　　拒絕水俁國賠等訴訟，活用司法制度，以實現大量且迅速救助受害者爲目標。前述「1996年政治解決」約有1萬左右受害者獲得救助。但是，即使如此都還有許多未得到救助的受害者。那是因爲嚴重污染時期居住在不知火海沿岸地區的人約有20萬，過量食用水俁灣周邊污染的海鮮受害者一定還很多，只是沒有進行整體污染實態調查而已。另外，加害者方面不斷採取「爲了錢的假患者」攻擊，更讓有些人害怕歧視、偏見而持續不敢出面。

　　但是，2004關西訴訟最高法院判決後，因爲認定標準改變，很多人期待或許可以得到救助，於是開始站出來提出申請認定。可是，國家並沒有因爲最高法院判決而改變認定標準，也沒有採取充分救助策略。高達幾萬名受害者的快速救助，本來應該以立法或者行政措施因應才對，但是並沒有採取這樣的措施。

　　以水俁病「不知火患者會」爲核心，2005年10月3日以國

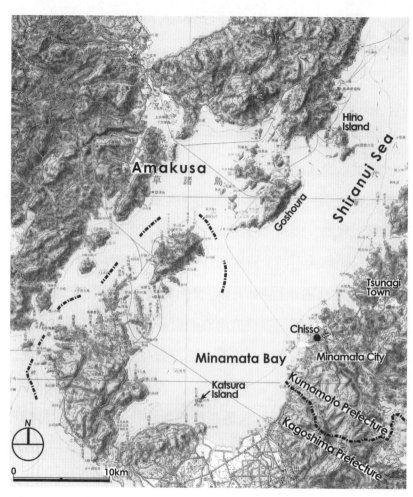

地圖3　不知火海

此圖依據日本國土地理院公布的1:200,000地區圖（八代地區）

家、熊本縣、窒素公司為對象，一開始有50人向熊本地方法院提起要求賠償的訴訟。原告們當初將目標設在實現依照訴訟和解手續大量且快速的救助受害者。之所以如此，是因為受害者高齡化，而且尚未獲得救助的受害者有幾萬人之多，如果以判決解決的話預料可能需要花幾十年時間，可能會導致患者無法在在世時獲得救助的不合理結果。

聽到和解就有一種加起來除以二的印象，但是水俁病狀況完全不一樣。在水俁病判決史上，國家從未接受和解協議過。水俁病第三次訴訟也是當時原告們以「在活著時救助」為口號，在首相官邸前展開好幾天靜坐抗議。但是，國家完全沒有

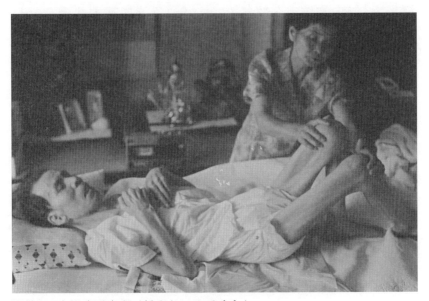

照片8　水俁病受害者（攝影師：北岡秀郎）
池田彌平（拒絕住院，在自宅的庭園，白花齊放的季節過世）

回應和解協議。要讓國家坐上和解桌絕對是相當困難的課題。

　　過去國家拒絕的理由是以行政根本論（這是認為國賠責任以及認定標準是與行政根本有關的問題，不能以和解協議解決的觀點），但是我們認為這樣的講法在2004年最高法院判決時已經完全失去根據。而且，高達幾萬受害者的迅速救助方法，結論是沒有透過訴訟和解手續不行。我們的構想是透過訴訟徹底證明醫師團診斷書的正確性，透過大量提告要求國家解決，造成法院判決和解勸告，以協議達成共識，實現和解。

　　第一批提告時，當時環境大臣很快就表示「不和解」。原告覺得非常難過，但是憑藉著背後龐大的民意支持和鼓勵，歷經長達5年半的抗爭，終於在2010年3月達成基本共識，2011年3月實現和解。

二、審判抗爭的記錄

（一）擴大原告團維持團結的抗爭

　　拒絕水俁原告團的訴訟於2005年10月3日開始，前述50位第一批原告團向熊本地方法院提告。之後，同年11月14日第二批原告503人提告，我們的提告瞬間成為巨大訴訟。

　　但是，水俣病在地方上存在很多病患團體，以拒絕水俣訴訟原告團爲核心的水俣病「不知火患者會」在人數上並非最大團體。而且在許多病患組織當中，透過訴訟要求正當補償的團體並非多數。

　　訴訟一開始，當時的環境大臣就斷然說出「不與原告和解」，對於訴訟採取強硬態度。那是因爲要求訴訟以外救助方式的相關團體當中，要接受政府提出的救助對策的團體也有好幾個，而那些團體的被害者人數是比較占優勢的。

　　我們的抗爭是要改變政府的強硬態度，我們的訴訟原告團是要讓政府知道「這些人是不可漠視的交涉對象」因而開始的。

1. 以「救助所有水俣病受害者」為口號活動

　　我們將「不知火患者會」會長、同時也擔任拒絕水俣訴訟原告團的大石會長經常說的話「救助全部水俣病受害者」當旗幟，向眾人訴說我們的抗爭是爲了能讓所有受害者得到救助，才得以慢慢增加「不知火患者會」會員以及拒絕水俣訴訟的原告團。

　　對水俣病受害者而言，不管什麼時代資訊都是不足的。特別是有關現在的水俣病有不同的補償制度，病患組織的想法也相當多。因此，許多懷疑自己是否也有水俣病症狀的人們，爲

了獲取正確資訊加入了「不知火患者會」。

　　但是，加入「不知火患者會」並非每個人都會成爲拒絕水俁訴訟的原告。

　　「訴訟」這件事對受害者而言需要相當大的勇氣。我們爲了消除對於訴訟的反感，希望更多人成爲訴訟原告，2009年1月起展開「不知火患者會」會員的個別家庭拜訪。我們把活動命名爲「串連2009」，目標是將本來大約1,500位原告，半年期間增加到2,000位。同時，以居住在近畿地區的受害者爲中心，實現了大阪地方法院的訴訟。爲了增加原告人數，我們透過「不知火患者會」會員的個別家庭拜訪、社區集會，呼籲訴訟原告以及原告親友、朋友當中有症狀的人一起加入訴訟。另外，我們在社區每戶分發傳單呼籲大家健康檢查，以及街頭宣傳活動等，努力挖掘還沒有出聲的潛在受害者。

　　再者，過去以來沒有參與的「對岸」天草地區，預估可能也存在許多尙未得到救助的受害者，於是同年4月1日，在上天草市龍岳町樋島舉辦以居民爲對象的訴訟說明會。彷彿半數的居民皆到場般，超過100人的居民前來參加，熱衷傾聽訴訟說明。之後，我們繼續在各地舉辦集會，在樋島的集會讓我們深深感受必須在天草地區找出受害者。舉辦這些活動之後，結果在2009年7月底原告人數增加到大約1,900人。

　　原告人數快速增加的主因是2009年9月不知火海沿岸居民

照片9　受害者會議（攝影師：北岡秀郎）

「水俣病受害者之會」的哭訴「還我海！還我身體！」爲了不再發生水俣！

照片10　受害者會議（攝影師：北岡秀郎）

屢次舉行的「水俣病受害者之會」（在幾十所場地，互相邀請鄰居參加聚會）他們心中的願望就是，爲了不再發生水俣！

的健康檢查（大健檢）。大健檢是由水俣病患7個團體以及水俣病縣民會議醫師團、全日本民間醫師聯盟、地方醫師會志願者等，共同組成的執行委員會（執行委員長原田正純是熊本學園大學教授）舉辦的。其中「不知火患者會」大規模呼籲居民健檢，在天草地區積極地募集了受檢者。

　　全國大約有140位醫師前來協助大健檢，實際上醫療工作人員大約有600人參加。這些醫生與工作人員，在熊本、鹿兒島兩縣分成17個會場，2009年9月20日、21日兩天進行約1,000人的健檢。大健檢的收穫是讓許多潛在受害者自覺自己的症狀

可以要求補償，但是大健檢帶來的不只這些。大健檢從全國聚集了許多醫師與醫療工作人員，加深全國了解水俁病的診斷，這件事後來也促成了東京的訴訟。另外，從不知火海沿岸地區搬到東京、大阪等遠地的受害者，因為可以接受水俁病健檢與治療的醫療機關增加了，對受害者而言是很大的支援。

我們在大健檢之後努力在各地展開訴訟說明會，說明唯有訴訟才是唯一得到正當補償的方法。其中，因為行政區域劃分而無法獲得保健手冊以及水俁病認定申請者治療研究事業醫療手冊（對於認定申請人，在認定審查會結論出來之前的醫療費保障，原則上手冊是認定申請之後1年發行）的受害者，最後也只能寄望訴訟，因而下定決心提告。結果，大健檢之後在2009年11月18日，我們成功使原告人數突破2,000人。

就這樣，不只擴大原告人數，因為不斷進行社區說明會以及集會，在維持原告團結之下，每位原告的內心對訴訟也產生了信心。

2. 與分裂原告團行動對抗

2008年年底到2009年，當時的水俁病問題執政黨執行計劃團隊提出救助水準相當不充分的解決對策。接著，2009年7月8日又以窒素公司將成立分公司為主要內容，通過水俁病受害者救助以及相關問題解決之「特別措施法」，政府藉此意圖

分裂我們原告團。

　　但是，原告團並沒有因此而被分裂。我們持續擴大原告團並且加強原告的團結，因而突破政府的意圖。而且，原告團並不在乎行政區域劃分持續擴大原告團，不管任何分裂都不屈服，持續維持原告團的團結對政府形成威脅，原告團因此成了「不可漠視的集團」。

　　尤其，過去以來並沒有被當成有水俁病受害者的天草地區有多數受害者站出來，對政府形成威脅絕對是沒錯的。因為受害擴大已經無法預測了，為了中止原告團的勢力，政府只能跟原告團交涉，儘早讓訴訟結束了。

　　就這樣，努力「擴大」與「團結」成功改變國家斷然說出「不與原告和解」的態度。結果，訴訟進入和解協商，依據「特別措施法」的救助水準實際上也因為訴訟而達成共識。

　　之後也實現了東京地方法院提起訴訟，我們的抗爭變成了全國性抗爭。原告團在名義上、實際上都成為水俁病受害者的領導團體。

（二）爭議點與訴訟活動

1. 病症的爭議點

　　拒絕水俁訴訟主要爭議點是「原告每位都是水俁病

嗎？」。針對此爭議點，具體可以分成三點：

(1)水俁病實際上是什麼樣的疾病呢？（水俁病症狀）

(2)依據此實態，水俁病又該如何診斷呢？（診斷方法與診斷基準）

(3)依照此診斷基準，就有辦法診斷原告每一位都是水俁病嗎？

(1)與(2)全部是原告共通的問題（病症總論），相對於前者，(3)可以說是個別原告的問題（病症分論）。

2. 策劃共同診斷書

拒絕水俁訴訟原告的人數在2006年4月超過了1,000人，預估之後還會持續增加。

但是這麼多原告，為了讓法院判斷每一位是否為水俁病，有人擔心要花相當長久時間。於是，我們將診察方法與診斷書格式統一成「共同診斷書」，以此主張迅速、合適的診斷是有可能的。所謂共同診斷書，是藉由當時熊本學園大學擔任水俁學的原田正純教授的呼籲，聚集了長年參與治療、研究的有志醫師，反覆討論整理出水俁病診斷書。這些聚集一起的成員唯一共同的想法就是藉由策劃水俁病共同診斷書，盡快實現給予水俁病受害者迅速且合適的救助。大家反覆討論的結果共同完成了：(1)水俁病診斷標準；(2)診斷時必要的共通診察程序；

(3)診斷書格式。

因此，這個共同診斷書應該是現在有關水俁病診斷的集大成。

此共同診斷書有以下三點特徵：

第一，這並非一般甲基氯汞中毒症的診斷基準，而只是關於爲了診斷因窒素公司排水造成的巨大環境污染引起的公害病即水俁病的內容。

第二，共同診斷書製作程序所指出的水俁病診斷標準，是基於有爭議的水俁病病症在過去法院判決的經驗所策劃出來的。換言之，這個診斷標準的正確性在司法場合已經過確認，因此提出在法院可以獲得適當的受害救助基準。

第三，爲了讓大量原告能夠獲得迅速且合適的救助，已經嚴格選擇過必要的診察項目。透過這個共同診斷書所記載的確認項目，可以診斷每一位原告是否爲水俁病，也可以掌握受害程度。

針對全體原告，我們決定再基於此共同診斷書製作個別診斷書提給法院。要證明每位原告是否爲水俁病，我們認爲只要這份診斷書就足夠了。

3. 高岡滋醫師證人詰問

爲了證明上述的病症論以及共同診斷書是可信的，我們實

施高岡滋醫師的證人詰問。高岡醫師長年在水俁地區進行水俁病患者診療與研究，也是策劃共同診斷書的核心人物。這個重要證人詰問從2007年7月25日開始，經歷3次主詰問、4次交叉詰問，在2009年7月3日結束。這長達2年的證人詰問確立了水俁病最新病症論，這成爲審判史上應該記錄下來的貴重詰問。

本來水俁病就是人類第一次經歷未曾發生過的公害病。相關實態只能從不知火海沿岸地區訴說健康障礙的多數患者當中找出答案。但即便能使水俁病的全貌明朗化的調查研究極度不足，透過縣民會議醫師團中具有代表性的藤野糺醫師於桂島進行的流行病學研究「慢性水俁病之臨床流行病學研究」，水俁病的實際狀況便也逐漸明朗。

高岡醫師的證言是依照這樣的歷史以及他最新的醫學研究結果，認定水俁病特徵會造成四肢末梢表層感覺障礙，以及全身性表層感覺障礙，只要曾經曝露在甲基氯汞環境中的民眾有這些症狀，就可以診斷成水俁病。但是，國家、熊本縣，以及窒素公司卻主張「所謂的全身性感覺障礙，難道不會與大腦等病理觀點相互矛盾嗎？」而高岡醫師則反駁了病理觀點是有極限的，且自己與其他醫師的觀察皆能確認到全身性感覺障礙的現象，我們也必須非常重視此現象等觀點。

我們提給法院的共同診斷書，就是將診察方法、正常／異常的判斷方法、診斷基準以及診斷書格式加以統一製作出來

的。

　　高岡醫師的證言提到，感覺障礙診察原則上是運用了筆和針的一般手法，根據感覺檢查數字化（量化）以及非污染地區調查等研究結果，將診察方法與異常判斷方法加以統一，提高觀點的可信度。

　　針對此說法，被告國家方面主張「感覺障礙觀點缺乏客觀性」，但是高岡醫師嚴厲反駁透過筆和針確認有無感覺障礙是神經內科的基本理論，被告的主張簡直是否定醫學。

　　被告針對高岡醫師的看法，不斷反覆質問「你的看法有得到醫學共識嗎？」「是否有教科書能證實你的論點呢？」等。高岡醫師反駁水俁病臨床流行病學研究幾乎不存在，更何況是教科書記載，對許多醫師而言，國家訂定「昭和52年判斷條件」的嚴格認定標準，才是妨礙臨床研究將廣大受害者實態研究清楚的主因。

　　被告堅持將受害狀況縮小化的昭和52（1977）年判斷條件中完全不看現實的不合理態度，從這些證言都可以看得出來。

　　高岡醫師針對第一團50位原告，依據共同診斷書以及原本的問診書、病例等，證實他們全部都是「水俁病」。

　　針對此，被告主張原告的病「是其他疾病與成因所導致」，但是高岡醫師反駁道，不止是共同診斷書的書寫格式本

身就含有能與其他疾病加以區隔的項目，而且醫師製作共同診斷書時充分地進行過鑑別診斷，反而應該是被告的主張才是在杜撰鑑別診斷。

透過以上高岡醫師證人詰問，共同診斷書的可信度得到印證，在之後與被告的和解協議過程也大大發揮製作規則的力量。被告原本思考的和解條件似乎是「救助對象的判定資料不是共同診斷書，而是以被告指定醫師的公家診斷書判斷爲準」，最後是以「共同診斷書與公家診斷書兩種都是同等的判斷資料」達成協議。這是一個以共同診斷書上所記載的醫師觀點得以採信爲前提的協議，也是一個憑藉高岡醫師的證人詰問成功才得以實現的協議。

於是，高岡醫師證人詰問最大成果是實現了救助水俁病受害者。

4. 藤木素士博士的破綻（2009年11月13日證人詰問）

拒絕水俁訴訟當中，除了水俁病病症爭議點之外，依照法律時效以及權利有效期間（民法第724條）之規定，國家、熊本縣、窒素公司是否能免除損害賠償責任成爲重要爭議點。

國家、熊本縣在訴訟進行大約一年後的2006年11月20日，主張原告水俁病症發病已經超過20年，超過法律上權利有效期間，因此國家、熊本縣不負責損害賠償責任。而窒素公司

在2006年9月28日，與國家、熊本縣一樣主張20年法律權利有效期間，而且突然提出過去從未主張過的「已經過了3年時效」，以此理由主張不負損害賠償責任。

尤其是窒素公司對原告說明：「我們只能說原告看了關西訴訟最高法院的結論之後似乎改變態度，針對原告突然的請求（中間省略）無法接受。一直到1996年全面解決（1996年的政治解決）爲止，長期以來對被告要求賠償或補償的人、以及彷彿長期沉睡在權利上，就連全面解決時都沒有採取任何行動的本件原告卻突然提起訴訟，從時效以及權利有效期間觀點來看，兩者相提並論才是明顯欠缺合理性」（2007年4月27日書面資料4），被告全面主張時效以及權利有效期間。無論原告是水俁病患者或者是水俁病受害者，國家、熊本縣、窒素公司都只以時效已過爲理由，企圖逃避責任，非常難以原諒。

國家、熊本縣、窒素公司的主張是根據2004年關西訴訟最高法院判決，認定一定範圍的權利有效期間。換言之，這個判決針對水俁地區搬到關西地區等遠地原告，做出的判斷是「從搬家起24年內沒有申請認定」，即使原告是水俁病受害者，但是因爲權利有效期間，國家、熊本縣不負損害賠償責任。

這個判決極度不合理，因爲這是完全沒看到水俁病症狀的受害者因爲歧視、偏見所苦，無法表明自己就是受害者的現實

狀況。但是，實際上這個判決是以這一點判斷，而且法院許多法官傾向於遵循最高法院判例，在拒絕水俁訴訟當中，可以預料到權利有效期間問題會成為重要的法律爭議點。

而國家、熊本縣為了反擊高岡醫師證人詰問，特別準備了藤木素士證人詰問。藤木證人原本是從事微量水銀測量的研究人員。在拒絕水俁訴訟當中，他根據水俁灣海鮮的水銀濃度、居民毛髮的水銀值、居民新生兒臍帶（肚臍結）的水銀值等調查結果，陳述「1969年停止生產乙醛之後的甲基氯汞汙染並沒有到可導致水俁病發病的程度」。實際上，藤木證人就是水俁病第三次訴訟時國家的證人，他主張「以1955年左右的科學能力來看，國家、熊本縣是不必對水俁病受害擴大問題負責」。換言之，他是持續提出否定國家、熊本縣責任根據的證人。

他在拒絕水俁訴訟裡主張1969年以後的污染程度不會造成水俁病發病，以此作為根據，證明原告全員都已經超過20年權利有效期間。

藤木證人的證詞「1969年以後的污染不會造成水俁病發病」，實際卻無法全面封鎖1969年以後出生居民也有水俁病症狀的醫師見解。

由於拒絕水俁訴訟因勝利和解而終結，所以藤木證人的見解並沒有在法院判定是非，但2011年和解時，沒有因時效問題

而被拒絕和解的原告，另外1969年以後出生的原告也有部分成爲水俁病受害者和解對象，因此藤木證人的證詞被全面否定了。

　　拒絕水俁律師團針對時效、權利有效期間的爭議，以其他訴訟事例當資料召開研討會。另外，又得到好幾位學者、律師協助而準備提出各種資料，包括如果從加害者至今妨礙查明水俁病原因又隱藏受害狀況的態度來看，主張時效、權利有效期間本身就是濫用權利，而時效、權利有效期間的起算點應是診斷時間或認定時間，並且應該賠償所有的水俁病受害者。

　　但是，要突破時效、權利有效期間爭議，最大的重點是「查明還有許多尙未得到救助的水俁病受害者」，除此之外別無他法。換句話說，最後將原告團擴大到3,000人規模的組織，以及透過鞏固維持團結的方法，醫師團、支援組織團結共同喚起水俁病患者的行動，特別是2009年9月20日、21日兩天針對1,044人進行的不知火海沿岸居民健康檢查（前述大健檢），正是成功突破國家、熊本縣、窒素公司主張時效、權利有效期間的最大關鍵。

三、展開全國運動

（一）水俁病沒有結束──全國巡迴宣傳水俁活動

我們的抗爭無庸置疑正是因為2004年關西訴訟最高法院判決之契機，受害者站出來發起的。但是，1996年政治解決已經有許多水俁病受害者獲得救助，所以全國一般人的想法是水俁病已經結束了。我們的抗爭就是要撼動輿論，至今還有許多水俁病受害者，我們是為了要讓更多人知道有必要救助他們而開始抗爭的。因此，我們從2008年5月16日開始，花費大約2個月，從熊本到北海道以「水俁病沒有結束」當宣傳口號，舉辦全國巡迴宣傳水俁活動。

宣傳活動出發儀式當天，亦是拒絕水俁訴訟第13次口頭辯論，診斷過多數原告團的高岡醫師證人詰問之證詞獲得採信，這一天也是判決跨出一大步的日子。宣傳活動不只是原告團、律師團，就連「水俁病抗爭支援熊本縣聯絡會議」所屬護士們也來參加，預備因應參加熊本地方法院前面開始的全國宣傳活動過程中，原告身體可能突然惡化的情形。

2008年5月18日從福岡縣開始，第一波巡迴廣島縣、岡山縣、兵庫縣、大阪府、京都府、愛知縣、神奈川縣共8府縣，

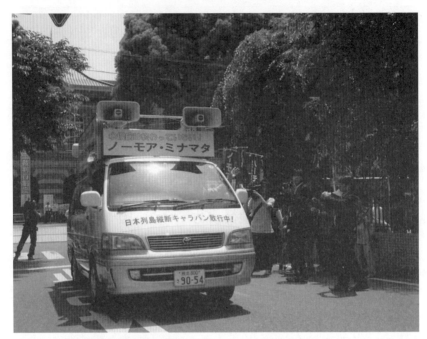

照片11　水俣宣傳隊伍出發儀式（攝影師：北岡秀郎）

我們盡量拜訪縣政府以及請求支援團體協助，並努力舉行街頭宣傳活動等。參加活動的原告則是具體說明乍看之下很難了解的水俣病症狀「感覺障礙」。由受害者親自現身說法，讓不知道水俣病的人相當震撼，並讓眾人深刻的了解到，即便正式認定水俣病已過了50年，仍然還有水俣病受害者身陷苦海。各地媒體也報導了宣傳活動。社會的高度關心讓我們相當驚訝。之後，以2008年6月2日、3日全國公害受害者總行動作為中間點，6月12日宣傳活動開始進入後半段。後半段在東京做了相當仔細的訴求之後，經過千葉縣、埼玉縣、茨城縣、栃木

照片12　街頭宣傳（攝影師：北岡秀郎）

在街頭訴求支援水俁病患，眞誠連署的人們

縣、群馬縣、新潟縣、福島縣、山形縣、岩手縣、青森縣10個縣，進入了北海道。

　　我們邁向北海道是因為2008年7月北海道要舉行洞爺湖高峰會，我們要讓全世界知道，在高峰會主辦國的日本仍存在長達50年以上未解決的公害問題。當然我們無法到高峰會會場，但是我們在北海道串聯宣傳活動，參加了札幌國際研討會以及大通公園的現場演說。從熊本來到遠地北海道呼籲「水俁病沒有結束」，長達1個半月的宣傳活動成功拉下布幕。宣傳活動進入後半段之後越來越多人知道，媒體也大幅報導。宣傳活動得到的並不只是全國支援而已。參加活動的所有原告將一直以來無法訴說的水俁病受害狀況告訴社會大眾喚起共鳴，實際感受更大的支援因而產生了自信，這也是相當大的收獲。如此，我們和全國伙伴一起努力，我們得到相當大的力量，之後我們積極持續各種現場宣傳活動以及擴大原告團行動等。

　　所謂全國性活動，是全國的公害、藥害等受害者團體聚集一起，與相關部會、加害企業共同交涉，以及發起集會，街頭抗議、宣傳活動等。我們也每年參加全國公害受害者總行動（總行動），之後水俁病問題在總行動也被當成核心課題提出。參加總行動，加強我們與同樣因公害、藥害所苦的受害者之間的連結感，所以全國性活動對我們是很重要的行動。

（二）絕不容許以「特別措施法」讓事情結束

2009年7月8日「水俁病受害者救助暨水俁病問題解決特別措施法（特措法）」成立，但是我們爲了阻止「特措法」成立展開的相關活動，又讓我們的抗爭往前邁出一大步。

當時水俁病問題執政黨執行計畫團隊所提案的救助辦法，我們「不知火患者會」明白拒絕此案，而且重點的一次補償金支付者窒素公司也說「這不是最終的解決辦法」因此拒絕，在此背景下「特措法」是重新思考出來的法案。法律名稱雖然訴諸水俁病受害者救助，但是受害者救助內容相當不充分，實際上是爲了將加害企業窒素公司順利分公司化的法案。所謂受害者救助內容相當不充分，指的是國家已經確定有水俁病加害責任，如果國家可以選擇受害者的制度成立的話，很明顯會造成受害者被大量切割。有一部分受害者團體接受這樣的作法，但是我們認爲這只是以受害者救助爲名，行幫助加害者、切割受害者之實的法案，我們絕無法認同。

2009年3月「特措法」成爲執政黨法案浮上台面時，我們開始展開阻止行動。首先，爲了控訴窒素公司分公司化是絕對無法容許的，同年3月4日在熊本市內緊急召開研討會，邀請東京經濟大學除木理史副教授針對分公司化的方案（架構、目的、意思）進行簡單易懂的演講。

　　再者，爲了更加強原告團的團結，剛好也是舉行高岡醫師證人詰問的同年3月13日，我們利用證人詰問的午休時間，舉行「抗議特措法提交國會緊急會議」，我們決定不接受「特措法」的解決方法，堅持繼續訴訟以及將我們的想法訴諸國會議員。

　　這時我們開始經常到東京，對著國會議員訴求水俁病問題的正當解決方法。6月2日舉行緊急院內集會，有好幾位在野黨議員參加，他們也和我們約定站在我們這一邊。但是，當時爲在野黨的民主黨，將原本一直由熊本地區選出來的參議院議員擔任「民主黨水俁病對策作業團隊」主席換掉，直接由民主黨幹部主導，想與自民黨達成協議。民主黨如此動作，實際上「特措法」就越來越接近成立了。

　　我們不到最後絕不放棄，爲了控訴「特措法」的不當性，從6月25日開始在國會前面靜坐抗議。接著，我們又以環境委員會所屬國會議員爲主進行請求活動，同時也持續國會前面的宣傳活動。社會各界很多人贊同我們的行動。其中，環境大臣在2005年設立的水俁病問題懇談會委員柳田邦男氏與加藤竹子氏也表明反對「特措法」，這件事讓我們更可以向社會大眾呼籲「特措法」的不合理。

　　我們與反對「特措法」的患者團體也進行聯結。這時，我們和共同努力的「新潟水俁病阿賀野患者會」結合成「拒絕水

俁水俁病受害者暨律師團全國連絡會議（全國連）」，一直到和解時我們都一起奮鬥。支援我們的團體也是越來越大。我們持續靜坐抗議期間，每天都有國會議員、支援團體的幹部以及其他公害受害者等很多人跑來聲援我們。如此的連帶感，讓我們擴大在東京的支援，甚至後來能在東京提告，這些絕對是很有幫助的。

不管我們的堅決反對，2009年7月2日在自民黨、公明黨、民主黨三黨共識之下，「特措法」於7月3日在眾議院通過，7月8日在參議院通過。「特措法」成立讓我們非常憤怒，但諷刺的是由於「特措法」的成立在全國出現有關水俁病問題的報導，而引起社會關心，水俁病問題的解決成了國政重要課題。另外，阻止「特措法」行動，加上民主黨對策作業團隊所屬國會議員的熱心遊說，最後都讓「特措法」內容對於受害者救助有幫助。

（三）「特措法」成立後的抗爭

針對「特措法」的抗爭，讓我們學習到堅持到最後的抗爭會帶來很大成果。這時，「特措法」只有定出水俁病受害者救助大綱而已，其餘救助內容還是白紙狀態。爲了尚未受到判決的受害者，我們認爲有必要爭取更好的救助內容。我們爲了使

受害者救助水準能夠更好一些，在「特措法」成立之後仍持續到東京，製作能夠傳達我們想法的通信訴諸國會議員。我們還是持續擴大原告團行動，最後我們實現在首都東京提起訴訟。

　　這些活動的集大成，可以說是2011年的勝利和解。

　　但是我們的抗爭並沒有因此結束。打著「救助所有水俁病受害者」，只要有未得到救助的受害者，我們的抗爭都會持續下去。而且，水俁病的教訓不會只在國內，我們還要訴諸全世界，讓全世界都知道。

2011年勝利和解的內容與成果

一、根據和解建議以致達成基本共識

2009年7月8日「特別措施法」成立之後，我們確定了「能夠毫無遺漏救助水俁病受害者就只有司法」，因此要求國家、熊本縣、窒素公司基於判決上協議盡快和解。

拒絕水俁訴訟中，被告主張「只有感覺障礙，如果沒有其他複數症狀的話無法認定成水俁病」、「如果沒有四肢末稍感覺障礙的話無法說是水俁病特有症狀」等等，堅持以狹義解讀水俁病症。但是，經過高岡醫師證人詰問，「特措法」不得不承認只有感覺障礙也是水俁病，全身性感覺障礙也是水俁病。

另外，被告以「原告太慢提出訴求」等為由，主張採取時效以及權利有效期間的限制。但是，在持續增加的受害者面前，「特措法」也無法設定期間限制。

如此，被告在訴訟主張的2大爭議點，也因為「特措法」制定而結束。因此，原告團在同年7月31日69人追加提告，同年8月9日召開1,200人誓師大會，決議展開「現在正是讓被告回到談判桌，基於判決協議盡快和解」的奮鬥。

同年8月23日，熊本、近畿、新潟的原告團與律師團以及東京的律師團，在水俁市共同組成「拒絕水俁受害者暨律師團全國聯絡會議（以下簡稱「全國連」）」（後來東京原告團也加入）。「全國連」在救助全國潛在患者扮演重要角色，而且之後以共同步調進行和解協議時亦是重要角色。

同年9月20日、21日，不知火海沿岸17個會場舉辦了1,000位沿岸居民健康調查（原田正純執行委員長）。詳情如前述，這個健康調查的結果，讓社會大眾明白一直以來行政部門認為「沒有水俁病受害者」的地區或世代也隱藏著許多受害者，這讓被告相當震撼。

之後，國家在同年11月終於不得不開始與原告團進行事前協議，達成訴訟後的和解，事前協議主要針對補償內容與判定方法，同時整理論點。之後，2010年1月22日，熊本地方法院（高橋亮介審判長）對當事者雙方提出和解勸告，之後馬上就進入和解協議。和解協議除了補償內容與判定方法外，針對對象地區與年代該如何辦理，雙方向法院提出訴求。

另一方面，2009年2月27日住在近畿的12位受害者在大阪地方法院提告，而熊本地方法院開始進行和解協議之後，緊接著在2010年2月23日住在關東的23位受害者也在東京地方法院提告。近畿與東京的提告，除了讓和解協議的速度加快，同時也向國家強烈表示搬到縣外者之救助也是必要的。

　　經過3次和解協議，熊本地方法院在2010年3月15日發表解決方案的建議。其內容就是後面即將說明的和解要點，從三大主軸（一次補償金、醫療費、療養補助金）的救助內容開始，一直到第三者委員會的判定方式，以及地區外的原告判定方法等，廣泛納入了原告的意見。原告團馬上在29個地區召開集會，超過1,000位原告參加，共同協議法院的建議。之後，同年3月28日在水俣市綜合體育館召開1,050人參加的總會，以壓倒性多數贊成決定接受法院的建議。然後，被告也決定接受法院的建議，所以同年3月29日在熊本地方法院達成和解的基本共識。

二、從判定作業到和解成立

　　原告團獲得所有原告了解第三者診斷的意義以及往後的手續之後，開始進行第三者診斷。我們也成功交涉，在第三者診斷之前死亡的原告，如果在生前有接受公機關健檢的話，其檢查結果也可能成為救助對象。

　　關於御所浦意外的天草地區等救助對象地區外的原告，我們也進行居民大量食用水俁灣周邊魚類的資料收集與製作。

　　律師傾聽每位原告的敘述整理成供詞記錄形式之外，在律師陪同之下，熊本縣、鹿兒島縣的負責人也進行原告的訪談調

查。

第三者委員會由除了委員長吉井正澄氏（原水俁市長）以外，原告推薦的2位醫師，被告推薦的2位醫師共5位組成，以診斷結果與流行病學資料爲基礎，每次進行熱烈公平的討論。根據第三者委員會的判定結果，在30個地區召開集會，共計超過1,700人原告參加，針對和解與否進行協商。之後，2011年3月21日在芦北天空巨蛋召開總會，共1,512人參加，以壓倒性多數贊成決定和解。接著，3月24日在東京地方法院、25日在熊本地方法院、28日在大阪地方法院分別達成和解協議。

三、和解內容

補償內容分成三大項給付，即(1)醫療費；(2)療養補助金；(3)一次補償金。

關於(1)醫療費，因爲國家、熊本縣補助健保自付額，實質是健保免費，所以一輩子都能安心接受醫療。

關於(2)療養補助金，住院月額17,000日幣，就醫的話是70歲以上15,900日幣，未滿70歲則是12,900日幣。從終身給付來看，這也是相當大的補償。

而(3)一次補償金除了210萬日幣外，再加上團體一次補償金34億5,000萬日幣（含近畿、東京）。一次補償金雖然沒

照片13　原告團總會，於2011年3月21日（攝影師：北岡秀郎）

有達到2004年關西訴訟最高法院判決的水準，但是包含醫療費、療養補助金共三大項給付，以提告5年半的相對短時間獲得的勝利而言，可以說是原告團抗爭得到的極大成果。

　環境省的環境保健部長曾經說「受檢者即使說謊也無法識破」、「不知火海沿岸居民只要身體狀況不佳，就傾向於聯想水俁病」、「有金錢的偏見存在，再怎麼調查醫學上還是不知道到底是什麼原因」等，彷彿認為原告就是「假患者」的言語暴力釀成爭議。但是，讓國家承認水俁病受害者而且成功達成

和解，這件事對原告而言是很重要的。

基本共識提到「被告會針對責任與道歉討論出具體表明方法」，2010年5月1日當時的內閣總理大臣鳩山由紀夫首相，第一次參加水俁病犧牲者慰靈儀式，他說「沒有辦法防止水俁病受害擴大是我們的責任，在此鄭重由衷地致上歉意」，而熊本縣長也同樣道歉了。

另外，我們要求和解協議書上明白寫著「為了客觀正確分析出甲基氯汞對於身體健康影響的關聯性，以此為目的，在包括原告的居住地區相關人員協助與參與之下，基於最新醫學知識進行調查研究，國家應該致力於盡早開始研究」。「不知火患者會」邁向的目標是「所有水俁病受害者都能得到救助」，也因此國家開始實施不知火海沿岸居民健康調查。

四、訴訟後和解的意義

包含給付內容，這次的和解可以從4點給予評價。

第一，這次和解是長達40年水俁病判決史上首次讓國家上了和解談判桌，與原告團共同摸索解決方法，並且取得勝利。2004年關西訴訟最高法院判決，判定國家、熊本縣對於水俁病擴大有法律責任，而且實際上也否定了國家嚴格認定標準，因此，50位原告2005年在熊本地方法院提起拒絕水俁訴

訟，提案「應該在法院協議，盡早訂定救助大量受害者規則（司法救助制度）」。假如，應該受到水俣病補償的受害者只有50人，全員等待判決結果是有可能的。但是，2005年第一團原告提告時，已有超過1,000位受害者向熊本縣與鹿兒島縣申請認定，很清楚的是還有很多未出現的潛在患者。因此，我們爲了盡早救助數千甚至數萬的受害者，認爲有必要且可以與國家、熊本縣、窒素公司依照2004年關西訴訟最高法院判決達成和解，才會提案確立司法救助制度。

針對此事，2005年第一團提告當時的環境大臣斷然說出「不與原告和解」。但是，2009年水俣病「特別措施法」制定之後原告團還持續增加，國家不得不改變方向「與原告透過判決達成和解」。在具體制定「特措法」前，國家與原告團便不斷進行和解協議。既然邁向判決和解，和解內容就不可缺少原告團的認同，但是依照「特措法」的單方判定卻會發生極大判定差異。結果，後來是透過第三者委員會判斷，才能夠訂定讓大量原告盡早而且公平獲得救助的規則，才能成功讓近畿、東京等地共2,992位原告當中共有2,772位（92.6%）成爲一次補償金等的救助對象，再加上只有醫療費救助對象22人，共有93.3%獲得救助。

第二，中止行政部門單獨選擇的方式，增加「第三者委員會」這一點是相當劃時代的作法。

　　過去以來,「關於『誰是受害者』都是行政部門(指定醫師)決定」,這是國家貫徹的政策(行政根本論)。對此,原告團批判「最高法院判決國家被斷定成加害者,可是加害者卻可以決定『誰是受害者』,這是很奇怪的」。因此,才實施高岡醫師證人詰問,以縣民會議醫師團製作的「共同診斷書」提高可信度。結果,熊本地方法院的和解建議,是委員人選一半採用原告委託的「第三者委員會」判斷方式,再加上縣民會議醫師團製作的「共同診斷書」等同於第三者(公機關)診斷書結果作為判定資料。換言之,我們突破了行政獨占「誰是水俁病受害者」之判斷權。

　　另外,國家(行政)一直堅持的病狀,我們讓它承認全身性感覺障礙也是水俁病等,擴大救助對象。這在其他公害受害者、藥害受害者認定上,可以說帶來相當大震撼。

　　第三,以天草為首,過去以來都被當成救助對象以外的地區,也成功獲得大約7成救助率,事實上我們可以正面評價成擴大救助對象地區。一直以來行政以線條劃分行政區,針對對象地區以外的居民,一直以沒有曝露在甲基氯汞環境為由拒絕救助。但是,在製作關於海鮮攝取狀況的供詞記錄以及縣政府進行的訪談調查,我們透過不斷和解協議,讓行政機關認同以往總是被當作「沒有水俁病受害者」的地區確實存在許多受害者,開展利用「特措法」救助對象地區外的居民之路。另外,

關於曝露期間一直以來限定在1968年底為止出生的居民，我們讓它擴大到1969年11月30日為止出生的居民，同時在那以後出生的居民在一定條件下也成為救助對象。如此，突破救助對象地區和年代劃分，這對於邁向「救助所有受害者」目標是很大的成果。

第四，成功獲得不受時效、權利有效期間限制的救助，這一點也相當劃時代。窒素公司對原告主張「以往對權利悶不吭聲的人不值得保護」等，以時效主張賠償請求權無效，國家、熊本縣也主張水俁病發病已經超過20年以上，以權利有效期間為由提出無法認同權利主張。因為在塵肺症（勞災）與肝炎（藥害）等判決，由於權利有效期間所以原告權利主張都受到限制。但是，拒絕水俁訴訟裡，我們在法院內外不斷明白指出「公害沒有時效」的觀點，主張「肇因企業窒素公司主張時效本身就違反信義誠實原則，這是無法原諒的」。同時，國家、熊本縣主張的權利有效期間，我們不斷抗爭的是「水俁病診斷困難，而且根深柢固的歧視與偏見狀況下，患者要說出自己是水俁病相當困難，從這個角度思考發病之後要馬上提出是很困難的」。因此，在大量受害者面前，國家在水俁病「特措法」內容無法設定權利有效期間，在拒絕水俁訴訟裡也無法提出權利有效期間造成差別待遇。

以上四點，就是拒絕水俁訴訟抗爭的成果。

結語

今後的水俁病問題

　　環境省在2012年7月31日終止水俁病受害者救助特別措施法（水俁病特措法）的救助對策申請。到這個階段爲止共達65,151人申請。但是，行政部門並不願意將申請者的處理內容公開。從窒素公司2013年3月期決算等資料，很清楚已經支付了27,770人一次補償金210萬日幣。但是，環境省、熊本縣、鹿兒島縣堅持，沒能因「水俁病特措法」獲得救助的人不得提出異議。但是，新潟縣則採取可以提出異議，針對水俁病的行政因應並不一樣。

　　在這種情況下，關於「水俁病特措法」申請的問題點就在於，國家與縣阻擋以下的人申請。

　　第一，重污染期間有生意人將污染魚運送到山區販賣，這段歷史的發掘調查太慢。

　　第二，住在熊本與鹿兒島對象地區以外的居民發掘調查。就如熊本的天草地區，以及鹿兒島的內陸地區。

　　第三，水俁病發病以1968年12月止爲救助對象，但是在那以後出生的人是對象外。本來2011年3月法院判決和解中，這個限制與第2點的限制都成爲救助對象。今後，有必要將

照片14　受污染魚類的集裝桶（攝影師：北岡秀郎）

受污染的水俣灣之魚被集裝在大桶裡丟棄

照片15　世界各地關心水俣病（攝影師：北岡秀郎）

來自世界各地的調查團，絕不能在世界各地再度發生同樣的過錯！

「水俁病特措法」的限制去除。

第四，例如津奈木町位於重污染地區，重污染時期以後有一半居民搬到都市住。這些調查也沒有做。

窒素公司在2011年1月依照「水俁病特措法」設置「JNC股份有限公司」，同年4月窒素公司將全部事業讓渡給JNC。但是，2004年10月15日，最高法院針對只有感覺障礙的患者判定國家與熊本縣有責任。因此，只要不救助僅有感覺障礙之症狀的水俁病患者，對所有水俁病患者的救助就不會結束。

之後，2013年4月16日最高法院針對只有感覺障礙的患者，判決行政必須認定成水俁病。因此，今後只有感覺障礙的患者便能夠透過判決讓行政認定成水俁病患者，或者申請民事損害賠償。

然後，2013年6月20日48位原告以水俁病患者請求損害賠償，以國家、熊本縣等為被告在熊本地方法院提起訴訟。

政府從1956年5月1日起正式承認水俁病至今已經超過57年，但是水俁病訴訟還在持續。一直到最後一位水俁病患者獲得救助之前，抗爭都還會持續下去吧！

雖然說「公害開始於受害，也結束於受害」，然而水俁病至今尚未有真正解決的一天。

目　次

まえがき

　水俣病は、人の産業活動が引き起こした極めて悲惨で深刻な人体被害であることから、公害の原点といわれています。

　水俣病は、熊本県水俣市に所在するチッソ水俣工場の廃水中に含まれていたメチル水銀により汚染された魚介類を多食することにより発症する公害病です。1956年5月1日に公式に確認されました。

　チッソは、水俣病の発生を認識していながら、無処理で廃水を不知火海に垂れ流し続けていました。国、熊本県は、水俣病の発生・拡大を防止できたのに、経済成長を優先し、十分な防止策を取りませんでした。その結果、多くの者が被害を受けたのです。

　水俣病は、狂死という重篤な人体被害から感覚障害のみという比較的軽症なものまで症状は多様ですが、病像は未だ解明し尽くされていません。また、濃厚汚染時に不知火海沿岸地域には約20万人の住民が居住しており、多くの者が汚染された魚介類を多食していたことは確実ですが、被害者数は判明していません。行政が全般的な実態調査を怠っているからです。

　水俣病被害者は、被害を否定する加害企業と行政を相手に、半世紀以上にわたって、補償を求めたたかいを続けています。

　被害者が勝訴した最高裁判所判決（2004年10月）、被害者救済のための特別措置法成立（2009年7月）後も、未だ補償を受けていない被害者のたたかいは続いています。2013年6月20日、特別措置法による補償を拒否された48名の被害者が、新たな訴訟を提起しました。被害者のたたかいは、現在も進行中なのです。

　水俣病が極めて複雑で異常な経過を辿ったのは、加害企業と行政が、公害防止と実態調査を怠ったり、被害を矮小化し続けたためです。このような過ちは、負の教訓として、世界の公害防止、被害者補償に生かされなければならないと考えます。

　この本が、少しでも役立てば、幸いです。

園田昭人（弁護士）

執筆者紹介

猪飼隆明

　大阪大学名誉教授。歴史家。幕末・維新以降の政治史・思想史・社会運動史を研究。主な著書に、《西郷隆盛》（岩波新書）、《西南戦争──戦争の大義と動員される民衆》（吉川弘文館）、《ハンナリデルと回春病院》（熊本出版文化協会）、《熊本の明治秘史》（熊本日日新聞社）などがあり、水俣病問題については、「水俣病問題成立の前提」、「国策をバックにしたチッソの企業活動」などの論考を発表、またノーモア水俣環境賞の審査委員長をつとめた。

北岡秀郎

　1943 年熊本市生まれ。高校教師の後、1971 年から水俣病訴訟弁護団事務局員。1975 年から 1996 年まで月刊「みなまた」を発行し水俣病問題の発信を続ける。水俣病闘争支援熊本県連絡会議事務局長、ハンセン病国賠訴訟支援全国連事務局長、川辺川利水訴訟支援連事務局長等を歴任。水俣病問題、ハンセン病問題、川辺川ダム問題、原爆被爆者訴訟、原発事故等について刊行物で情報発信を続けている

板井優

　弁護士。水俣病訴訟弁護団事務局長として、水俣市にて 8 年 6 ヶ月間弁護士事務所を開き水俣病問題の解決に奔走し、環境を破壊する川辺川ダム建設計画を事実上中止させ、ハンセン病国賠訴訟西日本弁護団事務局長をつとめる。全国公害弁護団連絡会議の事務局長、幹事長、代表委員を歴任して公害問題に取り組む。「原発なくそう！九州玄海訴訟」弁護団共同代表として、原発の廃炉を求めるたたかいに従事している。

はじめに

近・現代日本社会における司法の役割

猪飼隆明

　本書は、一企業が、国策のあとおしを受けて展開した生産活動が、地域住民や労働者に「水俣病」というきわめて深刻な被害をもたらした事実を明らかにし、被害者の救済のための、司法を中心とした、広汎かつ息の長いたたかいの姿を描こうとするものである。わたしたちが、この司法の場をたたかいの場としてきたことの意味と意義を明らかにするために、日本における、とくに明治維新以降の近代社会において司法がいかなる位置にあったのか、第二次世界大戦後、それはどのように変化し今に至っているのか、このことに触れておくことにしたい。

1）近代日本の司法制度

　近代日本の司法制度は、1868年閏4月21日に公布された「政体書」（Constitutionの邦訳）において、権力は太政官に集中していながら、近代的法制度にならって、行政・司法・立法の三権の「分立」を規定し、大坂・兵庫・長崎・京都・横浜・函館に裁判所を設置したことに始まるが、この裁判所は地方行政機関と同義であって、独立した司法機関ではなかった。これは、廃藩置県直後の1871年7月9日に司法省が設立され、司法省裁判所・府県裁判所・区裁判所が設置されて以降もこの地方行政機関的性格は引き継がれたといえる。

　そうした性格をいくぶんでも克服して近代日本司法制度体系化の第一歩となったのは、1875年4月1日に大審院が設置され、裁判権が司法卿からここに移ってからである。すなわち、この時、大審院―上等裁判所（東京・大阪・長崎・福島〈のち宮城〉）―府県裁判所（翌年

地方裁判所に）の序列がつくられ、大審院諸裁判所職制章程・控訴上告手続・裁判事務心得がつくられたのである。

　その後、自由民権運動の高揚に対抗して政府は、1880年7月17日に刑法・治罪法を公布した。この刑法は罪刑法定主義をとり、身分による刑罰の相違を廃し、いっぽう罪を重罪・軽罪・違警罪にわけた。また治罪法によって、刑事裁判手続、裁判所の種類・構成等を規定し、それぞれの罪ごとに、始審裁判所から大審院にいたる控訴・上告のシステムがつくられた。

　このように、根本法たる憲法の制定に先立って司法制度の基礎が、国民の運動との対抗の中でつくられたのである。そして、裁判所官制が制定されて、裁判官・検察官の登用、任用資格、裁判官の身分保障、司法行政の監督の系列がつくられるのは1886年5月のことであり、大日本帝国憲法の発布をうけて、かつ1890年の帝国議会の開会を前に、裁判所構成法、民事訴訟法、刑事訴訟法が相次いで制定されるのである。1893年3月公布された弁護士法については後に触れる。

２）弁護士制度時代

（１）代言人制度時代

　さて、司法の場と司法の外（地域や社会）とを結びつける役割を演じるのが弁護士であるが、いかなる制度的特徴をもっていたか。

　弁護士は当初は「代言人」と呼ばれたが、最初の「代言人規則」は1876年に制定された。それによれば、代言人は、布告布達沿革の概略、刑律の概略、現今裁判手続の概略に通ずる者で、品行や履歴について地方官の検査をうけたうえで、司法卿の認可をうけるというもので、これが弁護士制度の開始である。

　これは1880年5月に改正されて、①代言人は検事の監督の下におく、②代言人組合を法定して、各地方裁判所本支庁ごとに一つの組合を設け、組合加入をすすめる。とされ、これが、現在の弁護士会につながるのである。また、これによって代言人の試験についても、司法卿が所轄検事に問題（試験科目は、民事・刑事に関する法律、訴訟手

続き、裁判の諸則）を送り、検事が担当することになった。

（2）弁護士法時代

　1893年5月に弁護士法が施行された。司法省は、裁判所構成法とともに大審院・控訴院・地方裁判所ごとの所属弁護士とする三階級制や多額の免許料・保証金を内容とする制度を作ろうと目論んだが、不成功に終わった。しかし、弁護士会（地方裁判所ごとに一つ）を、検事正の強い監督下におくこと、司法大臣・裁判所より諮問された事項・司法若しくは弁護士の利害に関して司法省・裁判所に建議する事項以外議することはできないとすること、弁護士会には検事正を臨席させること、弁護士会の決議に司法大臣が無効だと宣言する権限・議事停止権を規定させたのである。

　こうした官製の弁護士会に対して、鳩山和夫・磯辺四郎（東京弁護士会会長）・岸本辰雄（島根県、フランス留学、明治法律学校創設に参画）・菊池武夫（岩手県、アメリカ留学、わが国最初の法学博士）らが発起して、1896年日本弁護士協会を設立した。これは会員の親交、司法制度の発達、法律応用の適正を目的とするものであったが、結成されると、直ちに予審の廃止、あるいは予審に弁護人を付することを主張し、また起訴陪臣・検事制度などに付いて論じ合っている。

　この弁護士の横の結合が、やがて官製の弁護士会をも巻き込みつつ、その後の重要な裁判闘争に意味をもち、日本の裁判闘争の質に影響を与えることになるのである。

ⅰ）足尾鉱毒事件

　古河鉱業の銅山開発による排煙・毒ガス・鉱毒水によって周辺地域住民に重大な被害をもたらした足尾鉱毒事件において、1901年「生命救願請願人兇徒聚衆事件」がひきおこされ、52人が重罪・軽罪被告人にされた事件では、東京からの42人の弁護士に加え、横浜・前橋・宇都宮からも16人の弁護士が加わり、総勢58人の弁護団を編成された。

ⅱ）日比谷焼打事件

　日露戦争後の講和に反対して起きた1905年9月5日のいわゆる日比谷焼打事件（兇徒聚衆罪）では、逮捕者2000余名のうち313名が起訴され、予審で有罪として公判に付されたもの117名におよんだ。194名が予審免訴となったが、2名が死亡した。このとき国民大会首謀者として、3人の弁護士が被告人になった。

　この事件で東京弁護士会は、警察官の良民殺傷の事実を重くみて会長ほか54人の弁護士を、東京全市を9地区に分けて調査し結果を公表したし、弁論では、任務分担して、総論主査には4人、結論主査に5人、個々人の被告に3人〜5人の弁護士をあて、群集心理で動いたとされる102名の弁護に100余名の弁護士がかかわった。こうして合計152名の大弁護団が編成されたのである。

ⅲ）大逆事件

　1910年の大逆事件、ほとんどデッチ上げの事件とはいえ、天皇への殺害計画とされる事件は、同年12月10〜29日大審院で傍聴禁止で16回の公判が行なわれ、翌年1月18日に公開で判決がだされた。この裁判でも、計11名の弁護士が被告の弁護を試みた。

　以上のような事件の弁護活動にとどまらず、明治末から大正初めにかけては、弁護士・弁護士会の監督を、検事正から司法大臣に移すことを求める運動、あるいは刑事法廷における弁護人の席を当事者対等の立場から検事席と同等にすることを求める運動をも弁護士協会は展開するが、これは実現に至っていない。ちなみに、検事が裁判官とならんで高壇に座るという形式は戦後の1947年まで続いた。

ⅳ）米騒動

　さて、1918年の米騒動に際して日本弁護士協会は、8月19日、「今回ノ騒擾ハ政府ノ食料ノ問題ニ関スル施設徹底ヲ欠キ民心ノ帰響ヲ詳カニセザルニ因ル。吾人ハ速ヤカニ国民生活ノ安定ヲ図ルベキ根本政策ヲ確立スルノ要アリト認ム。騒擾ニ関スル司法権行使ハ其ノ措置ヲ

誤ラザランコトヲ警告ス」と決議し、食料問題特別委員に16名、騒擾
事件特別委員に16名、人権問題特別委員に16名、各特別委員会ごとに
小委員5名ずつを選任するという布陣で臨み、静岡・愛知、山梨・長
野・新潟、広島・岡山、京都・大阪・兵庫・三重、九州の5ブロック
に分けて弁護士を派遣して調査、膨大な調査報告書をつくり、騒擾に
軍隊を派出したこと、新聞雑誌への記事の掲載、演説会を禁じたこと
などを批判する5つの決議を上げた。

（3）自由法曹団の結成

　これまでの事件は、非組織的な大衆運動における弁護活動であっ
たが、米騒動以降に組織的・階級的運動が前進し、それがまた弾圧を
うけた。ここでも、弁護団の活動が重要な役割を演じたのである。そ
して、その弁護団もその階級的姿勢を鮮明にするのである。

　1921（大正10）年6月から8月にかけて、三菱造船所神戸工場と川
崎造船所が同時に争議をおこし、両者は、8時間労働制・組合の団体
交渉権・横断的組合加入などを求める運動を展開した。その7月29日
に川崎造船所の労働者1万3000人が生田神社で集会しデモを敢行し
た。ここに抜刀警察官が突入し、労働者が背中から切りつけられて死
亡するという事件が起きた。神戸弁護士会はこの問題を取り上げ、弁
護士に一任したが、東京弁護士会は直ちに、神戸人権蹂躙調査団結成
協議会を結成して、16人の委員を神戸に派遣して、神戸弁護士会とと
もに調査を行ない、具体的な人権侵害の事実を明らかにして、神戸・
大阪・東京で報告集会をおこなった。これらの弁護士を中心に10月ご
ろに「自由法曹団」が結成されたのである。「神戸人権問題調査報告
書」の冒頭には、「夫れ権利確保は法律の使命なり、而して生命身体
の自由は基本的の権利なり」とあり、これが調査団の最大公約数であ
り、自由法曹団もこの精神で結集したものと思われるが、自由主義者
・社会民主主義者がここに結集したのである。

　大正デモクラシーを経験する中で、無産運動・社会主義運動が、
天皇制国家の専制主義や戦争政策に反対する勢力として形をあらわし
はじめる。これに対する弾圧法規として政府は、1925年治安維持法を

成立させた。この治安維持法を使っての最初の大掛かりな共産党弾圧
が、1928年の3・15事件であり、翌年の4・16事件であった。

　これに対して、解放運動犠牲者救援会が弁護士を中心に、労農大
衆と進歩的インテリゲンチュアを糾合して結成され、1930年5月には
国際労働者救援会（1922年創立、モップル）の日本支部となった（通
称「赤色救援会」）。

　さらに、1931（昭和6）年4月29日に、3・15や4・16事件の法廷闘
争（1931年6月25日に第1回公判）のために、解放運動犠牲者救援弁護
士団が結成された。彼等は被告の弁護のための法廷闘争をおこなうと
ともに、岩田義道労農葬を主催したり、獄死させられた小林多喜二の
死体引き取りなどをおこなった。

　その後、1931年に全農全国会議弁護団が結成されると、1933年に
は解放運動犠牲者救援弁護士団と全農全国会議弁護団が結合して、日
本労農弁護士団結成される。かれらは、①資本家地主の階級裁判絶対
反対、②治安維持法犯人の全部無罪、③在獄政治犯人の即時釈放、④
白色テロル反対、⑤帝国主義戦争反対、⑥プロレタリア独裁社会主義
ソヴェート日本樹立のために、をスローガンに掲げて、「社会運動通
信」を発行し、東京のほか、横浜・水戸・前橋・静岡・新潟・名古屋
・大阪・福岡・札幌・京城・台南に支部をつくった。

　しかし、その後日本労農弁護士団所属弁護士の一斉検挙が行なわ
れ、団の活動、弁護士としての活動そのものが、「治安維持法」第1
条1項の「目的遂行罪」にあたるものとされ、かつ、予審終結決定で
は、解放運動犠牲者救援弁護士団・全農全国会議弁護団を日本共産党
の拡大強化を目的とする「秘密結社」と認定して、その存在そのもの
を否定したのである。ここに自由法曹団・日本労農弁護士団も壊滅す
るにいたる。

3）戦後日本社会と司法

（1）日本国憲法と戦後の裁判制度

　ポツダム宣言を受諾して無条件降伏した日本は、15年にわたる戦

争でアジアの諸国と国民に甚大の犠牲を強い（2,000万人を殺害）、自らの国民にも大きな犠牲をもたらした戦争を、深く反省し、二度と戦争をしないことを決意し、平和的に生きる権利・基本的人権は人類普遍の権利であること、これを実現するためには主権が国民に存することを明確にして、日本国憲法を制定した。日本国民と日本国は、これを世界に宣言して、その実行を約束したのである。私たちの、人権と民主主義、そして平和追求の運動は、すべてここに由来する。

　日本国憲法は、三権分立主義を採用して、立法権を国会に（41条）、行政権を内閣に（65条）に属さるとともに、「すべて司法権は、最高裁判所及び法律の定めるところにより設置する下級裁判所に属する」（76条1項）と規定した。そして「すべて裁判官は、その良心に従ひ独立してその職務を行ひ、この憲法及び法律にのみ拘束される」と規定して、裁判官の独立、ひいては司法権の独立を宣言している。

　最高裁判所の下にある下級裁判所は、高等裁判所（8か所）、地方裁判所（都道府県に1か所づつ）、家庭裁判所（地方裁判所と同一の地に）及び簡易裁判所（警察署の1〜2つを単位に、575庁）である。これらのうち、第1審裁判所は、原則として地方裁判所・家庭裁判所・簡易裁判所、第2審裁判所は、原則として高等裁判所で、第3審裁判所は、これも原則として最高裁判所である。何れも原則としての話で、例えば簡易裁判所の民事事件で地方裁判所が第2審として裁判をした事件については、高等裁判所が第3審裁判所となり、特別上告の申し立てが行なわれれば、最高裁は第4審となるのである。

（2）戦後復興と公害問題の発生

　日本の戦後は、荒廃の中から始まった。GHQによる占領政策の中で、政府は経済復興計画を担当する国家機関として1946年8月に経済安定本部を設け、12月に「傾斜生産方式」を決定した。これは、壊滅的な日本経済を復興させるために、石炭や鉄鋼などといった基幹部門に資金や資材を集中し、全生産を軌道に乗せようというものであった。日本興業銀行の復興融資部を母体につくられた復興金融公庫（復

金）は、石炭・鉄鋼・電力・肥料・海運などに集中的に融資をした
が、水俣の日本窒素はその対象となった。日室の創業は1908年だが、
政府の戦争政策の支援をうけて発展、しかし空襲をうけて破壊されて
いた。戦後の食糧増産と合わせての肥料増産の必要から、戦後政府か
らまたしても支援をうけて再興するのである。国家との結合をもって
産業活動の使命と認識する企業は、その企業活動が環境を破壊し、地
域住民・周辺住民の健康や生命に重大な影響を与えるであろうことに
一顧だにしない、こうした形で経済復興が促進されたのである。

　この復興期につづく、高度経済成長期もまた、環境や健康はおお
むね無視された。公害問題はこのようにして発生し深刻になった。企
業は、生産力の拡大にのみに関心をもち、安全や環境保全のための投
資をほとんど行ってこなかったこと、資源浪費型の重化学工業中心の
産業構造の構築が行なわれたことなどによって、企業集積地域を中心
に大気汚染、廃水による水質汚濁が急速に進んだのである。日室の工
場廃水は何の処理もされないまま水俣湾に垂れ流され、有機水銀に侵
された魚類を日常的に食する住民の命と健康を奪っていった。

（3）原因企業と地域住民と司法

　公害の深刻化に対して、政府は対症療法的には、1958年に水質二
法を制定し、1962年には煤煙規制法を制定した。しかし、産業優先の
姿勢を抑止するものとはならず、公害の深刻さに苦しむ被害者や地域
住民を中心とした公害反対運動が、各地で展開され、地方自治体を動
かし、裁判所を動かし、国を動かすようになるのである。

　日本で初めて公害裁判に立ちあがったのは、第二水俣病といわ
れ、熊本の水俣病と同じ原因物質有機水銀によって被害をうけた新潟
の人たちであった。原因企業は昭和電工鹿瀬工場で、阿賀野川に工場
廃水を垂れ流して有機水銀中毒を引き起こしたのである。被害住民
は1967年9月に新潟地方裁判所に提訴したのであるが、このたたかい
が、四日市の石油コンビナートによる大気汚染、これによって呼吸系
疾患に罹患した被害者らが同年9月に津地裁四日市支部に提訴につな
がり、1968年3月の、富山県のカドミウム中毒事件（原因企業は富山

県神通川上流の三井金属神岡鉱山）での提訴（富山地裁）に、そして翌1969年6月の水俣病での提訴（熊本地裁）に発展するのである。

　これがいわゆる四大公害訴訟と呼ばれるものであるが、被害の程度やその規模（広範囲であること）などにおいて遥かに残酷で深刻であるにもかかわらず、裁判闘争に至るのに時間を要し、なおたたかい続けなけらばならないところに、原因企業と地域との関係、国家・地方行政との関係において、水俣病問題は深刻な解決されるべき問題を抱えていたといわなければならない。

　日窒は、水俣地域と住民の中に深く入り込み経済生活・社会生活など不即不離の関係が形作られ、そして水俣市行政とも分ちがたく結び付いていた（水俣は日窒の城下町とよばれた）。これはまた、地域の差別的構造とも連動していた。したがって、被害者が声をあげて企業を批判することはきわめて困難であった。

　したがって、裁判闘争は、様々なしがらみから自由になるためのたたかいでなくてはならなかったし、強い覚悟を要求された。

　しかし、水俣病の司法を舞台とするたたかいが、正義のたたかいとして、人間の尊厳と人権を勝ち取るたたかいとして、被害者と周辺のさまざまな人たちの共同のたたかいとして、さらに広範な知識人や心あり人たちを巻き込んで展開されたこと、そして一つひとつ成果を勝ち取ってきたことが、被害者自身の主体性を創り上げた大きな要因なのだが、ここでこのこれらの被害者と周辺を結合させる要となり続けたのが、弁護士集団であった。1949年公布の改正「弁護士法」によって「基本的人権を擁護し、社会正義を実現する」（第1条）ことを使命とする戦後の弁護士も、文字どおりこの精神を貫くことは容易ではないが、戦前からのたたかいの歴史の中で、弁護士集団はこの水俣病問題にかかわりつつ、それを実践してきたのである。

　水俣病問題を中心としたたたかいの歴史は、戦後日本の、人間の尊厳と人権、そして環境権と総称される、人間と自然が幸せに共生できる環境づくりにとって、重要な役割を演じ続けているのである。

1

水俣病の歴史

1）水俣病の発生

（1）水俣病発生の歴史

　水俣病は、日本列島の南側にある九州の熊本県水俣市で発生した水汚染公害です。発生した水俣市の地名から水俣病と言われています。原因物質は有機水銀の一種であるメチル水銀です。メチル水銀は、日本窒素株式会社（チッソと省略）という企業の水俣工場から排出された廃水に含まれていました。このメチル水銀が食物連鎖の中で魚介類に摂取されました。そして、メチル水銀によって汚染された魚介類を多食することによって、水俣病になります。

　1956年5月1日水俣病は公式に確認され、1965年には本州の半ば付近にある新潟（にいがた）県でも第2の水俣病（新潟水俣病と呼ばれる）の発生が公表されました。新潟での原因企業は昭和電工鹿瀬（かのせ）工場で、阿賀野川の上流に位置しています。

　公害対策の古典的な方法は、工場から排出される廃水を希釈（きしゃく、薄める）することです。しかし、水俣では、当初工場廃水が排出されたのは水俣湾です。しかも、この水俣湾は不知火海（しらぬいかい）という内海にある閉鎖水系です。新潟では、阿賀野（あがの）川という閉鎖水系でした。双方とも、メチル水銀が希釈しにくい閉鎖水系に工場が立地されていたのです。

　熊本県南端の小さな漁村であった水俣にチッソが進出したのは、1908（明治41）年でした。チッソは、その2年前に近くの鹿児島県大口に発電所を造りました。そこから生み出される豊富な電力と、不知

火海一円から採掘される石灰岩を原料にカーバイド製造等の電気化学工業を興し、さらにアンモニア、アセトアルデヒド、合成酢酸、塩化ビニール等の開発を進め、一大電気化学工業としてわが国有数の規模を誇る企業に発展しました。

　チッソは第二次大戦の敗戦によって、朝鮮半島や中国等アジア各地の海外資本のすべてを失い、水俣の工場も、米軍の爆撃によって大きな損失を被りました。しかし戦後、政府からの復興支援によって、チッソは急速に発展し、水俣はチッソの企業城下町となっていきました。

　水俣病の直接の原因となった水銀を触媒とするアセトアルデヒドの生産高は、1960（昭和35）年には45,000トンにも達しました。これは、全国シェアの25%から35%を占めるもので、チッソはわが国のトップ企業となっていきました。

　アセトアルデヒドの大量生産を開始した1950年頃、水俣湾周辺ではさまざまな環境の変化が始まりました。水俣湾内の排水口に近いところから汚物が浮かび上がり、貝がいなくなりました。しばらくすると汚染は湾全体に広がります。湾の周辺では魚が大量に浮き上がり、またはふらふらと泳ぎ、貝は口を開けて死んでいました。陸上では猫が狂い回り、海に飛び込んでは死に、海鳥やカラスも飛べなくなり、地上をばたばた這って死んでいきました。住民は海水に異変が起こっているのではないかと不吉な予感に襲われながら、それでも暮らしていくために、海で魚をとっては食べ、売りに行く生活を続けました。

　1956年4月21日、水俣沿岸で漁もする船大工の5歳の娘が、当時水俣地域では最も医療水準の高いとされていたチッソの附属病院に入院しました。女児は箸が使えず、歩くのもふらふらし、話し言葉もはっきりしない状態でした。そして、そのような症状の子どもが近所に何人もいるというのです。それを確かめたチッソ附属病院の院長細川一は、同年5月1日、「脳症状を主訴とする原因不明の患者が発生、4人が入院した」と水俣保健所に報告しました。なお、後にこの日が水俣病の公式確認の日といわれるようになりました。

　この報告を受けて地元医師会などの関係機関による対策会議が開

かれ、地域の医療機関のカルテを洗い出した結果、1953年12月に、やはり5歳の女児が発病していたことがわかりました。この患者が発生第1号とされています。しかし水銀を触媒とするアセトアルデヒドの生産は、1932年から始まっていました。だから実際には何の病気か分からないまま見過ごされていただけで、もっと前から発生していたという指摘もあります。

（2）患者発生の原因究明

　深刻な「奇病」発生ということで、熊本大学は医学部を中心に研究班を立ち上げました。熊大研究班では、患者を学用患者として入院させ疫学調査と病理解剖を行いました。その結果、1956年11月には「原因はある種の重金属」であり、人体への進入経路は「魚介類」であることを突きとめました。この時点で、人体に有害な物質が魚介類を通じて疾病を引き起こしているとして、魚介類の摂食禁止措置などの適切な措置がとられていたら、たとえ原因物質の特定や発症のメカニズムが解明できていなくても、患者の拡大は抑えられたでしょう。これが国や県の最初の、そして最大の失策です。

　汚染源はチッソ水俣工場が疑われましたが、チッソは有機水銀を含む無処理の廃水を流し続けました。

　1959年7月、熊大研究班はついに有機水銀が原因と発表しました。チッソは直ちに、熊大研究班の有機水銀説は「科学常識から見ておかしい」と反論しました。その他にも、チッソも加盟する日本化学工業会は「戦後の爆薬投棄が原因」と発表、政府の意を受けた学者も「アミン中毒説」を発表するなど、さまざまな反論・妨害が行われました。

　その中で熊大研究班を中心とする厚生省食品衛生調査会水俣食中毒部会は、1959年11月、「水俣病の主因は水俣湾周辺の魚介類に含まれるある種の有機水銀化合物」との答申を厚生大臣に出しました。ところが厚生省は答申の翌日、この答申を認めたくないために逆に同部会を解散させました。その裏でチッソは熊大研究班に反論しながら、実は自らも工場廃水を餌に混ぜてネコに与える「ネコ実験」をしてい

ました。そしてそのネコ（400号と呼ばれます）が1959年10月に水俣
病を発症しましたが、工場はこの事実を極秘にしたまま「原因不明」
としていたのです。このように、熊大研究班などの原因究明に対し
て、チッソ、日本化学工業会、厚生省などは事実の隠ぺい・反論・妨
害を行いました。

　しかし熊大研究班は研究を継続させました。翌年には熊大研究班
は水俣湾産の貝から有機水銀化合物の結晶を抽出しました。さらに
1962年8月にはチッソのアセトアルデヒド工場の水銀滓から塩化メチ
ル水銀を抽出するなど、逃れようのない科学のメスが迫っていきまし
た。熊大研究班は、1963年2月、「水俣病は水俣湾産の魚介類を食べ
て起きた中毒性疾患であり、原因物質はメチル水銀化合物であり」
「それは水俣湾産の貝及びチッソ水俣工場のスラッジから抽出され
た」と発表し、科学的には結論が出ました。真理を探究する大学研究
者の健闘の成果です。

　一方、さかのぼって国の対応に目を向けると、水俣病発生の初期
は国（厚生省）は原因解明に乗り出しましたが、原因の究明がチッソ
に向けられるようになると、逆に原因隠しに向かいました。

　1956年に重金属説が発表されると、熊本県は「食品衛生法を適用
し、水俣湾産の魚介類の採取を禁止したい」と厚生省に照会しまし
た。これに対し厚生省は、国と県で半分ずつ費用補償しなければなら
ないため、「水俣湾産の魚介類すべてが有毒化しているという明らか
な根拠はないので適用できない」と回答しました。また、1958年に制
定された水質保全法や工場排水規制法も適用せず、チッソの無処理廃
水を放置し続けました。厚生省と科学技術庁がすなわち国が水俣病を
「チッソ水俣工場からの公害である」と認めたのは、日本中からアセ
トアルデヒド工場が無くなった後の1968年9月のことでした。

（3）被害者へのチッソの不誠実な対応

　工場の廃水を無処理のまま排出していたのですから、チッソによ
る海洋汚染は工場設立当初から始まっていました。次第に汚染は深刻
になり、大正時代にはすでに水俣漁協との間で漁業被害に対する補償

協定が結ばれていました。しかし患者の発生が表ざたになったのは、公式確認がなされた1956年です。

その後もアセトアルデヒドの増産は続き、それに比例して患者は増加していきました。

水俣漁協は補償や原因の究明を求めました。そこでチッソは1958年に汚染が深刻な水俣湾に注ぐ百間排水口から、水俣川河口にある八幡プールを経て水俣川に排出するように排水ルートの変更を行いました。この事態に驚いた国は、排水ルートを1959年11月、元の百間排水口に戻させました。すなわち、チッソは汚染源に対しての原因究明の手を何も打つことなくその後もアセトアルデヒドの増産を続けたため、不知火海全域に水俣病の発生地域が拡大していきました。

このような事態の中でチッソは1959年12月30日、熊本県知事などの斡旋で初めて患者団体との協定を結びました。しかし、賠償というものではなく、あくまでも原因不明ということを前提に工場が患者にお見舞いをするという形のものであり、「見舞金契約」と呼ばれました。もっともチッソは、このとき既に、前述の「ネコ実験」によって自らが患者を発生させた犯人であることを知っていたのです。その内容は、①死亡者30万円などという低額補償、②水俣病の原因がチッソであると判明しても新たな補償はしない、③チッソが原因でないと判明したらこの補償も打ち切る、という極めて不当なものでした。

しかし、病気で働くこともできず、治療費にもその日の生活にも事欠く患者達は、ついにこの契約を結びました。後にこの契約は熊本第一次訴訟判決において「患者らの無知と経済的困窮状況に乗じて極端に低額の見舞金を支払い、損害賠償請求権を放棄させたもの」として、公序良俗に反し無効であると判断されました。

1959年7月、熊大研究班の有機水銀説の発表等で水俣漁民は工場の廃水浄化を強く要求していました。これに対し、チッソは同年12月浄化装置のサイクレーターをつくり、これにより廃水はきれいになり、水俣病は終わると宣伝しました。完成式の記者会見で工場長はサイクレーターを通した廃水と称してコップの水を飲んでみせました。ところが、その水は単なる水道水であり、サイクレーターには水銀除去の

目的も性能もないことが後に判明しています。結局、水俣病の原因と
なった有機水銀は浄化されることなく1966年に完全循環式になるま
で排出され続けました。1968年5月にアセトアルデヒドの生産を停止
し、その4ケ月後に政府は初めて水俣病はチッソが原因の公害病だと
認めたのでした。

2）裁判の経緯

（1）熊本水俣病第一次から第三次訴訟まで

　チッソの企業城下町といわれた水俣地域では、原因がチッソ工場
からの汚水であることが分かっていても、チッソを相手に責任追及す
ることは簡単なことではありませんでした。しかし、不誠実な対応を
とり続けるチッソの姿を前に、正当な被害回復を求めるには裁判しか
ないと、患者らは裁判に訴えることにしました。

　熊本水俣病第一次訴訟（1969年6月提訴）の大きな争点は、チッソ
の過失責任が認められるかどうかでしたが、熊本地裁判決（1973年3
月20日）は、チッソを断罪してその過失責任を認め、前述の「見舞金
契約」についても公序良俗に反して無効であると判断し、患者1人当
たり1,600万円〜1,800万円の損害賠償を認めました。この画期的な判
決後、チッソは患者団体との間で補償協定を結び、行政による水俣湾
のヘドロ処理について仮処分が認められ、さらにチッソ社長らの刑事
事件での有罪判決につながっていったのです。

　熊本水俣病第二次訴訟（1973年1月提訴）の訴訟は、未認定患者の
救済の皮切りとなりました。この時期、国は認定基準を厳しくし、か
つ判断者は国が選んだ特定の医学者であるなど、「大量切り捨て政
策」をとっていました。この国の認定基準は「昭和52年判断条件」と
呼ばれ、複数の症状の組み合わせを水俣病認定の条件とし、感覚障害
だけでは認定しないという厳しい内容でありました。しかし、第二次
訴訟に対しての1979年3月の熊本地裁判決は、この国の認定基準を採
用せず、14人中12人を水俣病と認めました。

　さらに1985年8月の福岡高裁判決において、四肢の知覚障害だけで

も汚染魚を多食しているなどの疫学条件が認められれば水俣病と認定しました。この判決は、「複数の症状の組み合わせを水俣病認定の条件とし、感覚障害だけでは認定しないという」国の厳しい認定基準と認定審査会を、「このような国の認定基準は破綻している」と批判したものでした。このような中で、国の「大量切り捨て政策」の問題点がクローズアップされました。

　勝訴判決が続いても、国（環境庁）が認定基準を見直さない態度は変わりませんでした。原告や弁護団は、患者救済のためには国の責任を明らかにして国の政策を転換させる必要があると考え、熊本地裁への大量提訴（1,400人）と全国的展開（新潟、東京、京都、福岡での提訴と全国連の結成）で、国と熊本県の責任を求める裁判すなわち熊本水俣病第三次訴訟（1980年5月）を起こしました。1987年3月、この熊本水俣病第三次訴訟第一陣に対する熊本地裁判決は、国と熊本県の責任を認めるという全面勝訴判決でした。その後、1990年9月の東京地裁を皮切りに各裁判所で和解勧告がなされ、1993年1月の福岡高裁和解案では、総合対策医療事業の治療費・療養手当プラス一時金（800万円、600万円、400万円）という案が出されました。しかし、国は拒否しました。

　その後、1993年3月の熊本地裁第三次訴訟第二陣判決と同年11月の京都地裁判決においても国と熊本県の責任が認められ、「疫学条件があり、四肢末梢優位の感覚障害が認められ、他疾患によるものと明らかにできないものは水俣病である」と判断されたのです。このように各地裁や福岡高裁で国の厳しい認定基準は破綻しているという判決が何度も出されたにも関わらず、国は考えを変えていません。

　そのような国の責任を認める地裁判決が相次ぎ、追い詰められた国（政府）は腰を上げ、1995年12月に政府解決案を提案、翌年原告団側はこれを受け入れ、チッソとも協定が結ばれました。この1996年政治解決とは、患者らをはっきり水俣病と認めず、国・熊本県の責任も曖昧なままの内容でしたが、原告の高齢化や大量原告の早期救済を図るため、後に結成されるノーモア・ミナマタ水俣病被害者・弁護団全国連絡会議（全国連）の原告らを含む11,000人の患者は政治解決を受

け入れる選択をしたのです。

（2）関西訴訟最高裁判決（2004年10月）とそれ以降の動き

　一方、かつて水俣湾周辺に居住し、その後関西方面に転居した水俣病患者によって結成された関西訴訟原告団は、政治解決ではなくあくまで裁判での判断を求めました。

　2001年4月27日、関西訴訟控訴審判決（大阪高裁）は、チッソのみでなく国・熊本県の責任も認め、感覚障害だけで水俣病と認定しました。その後、2004年10月15日、最高裁判所は、大阪高裁判決を支持し、国・熊本県の責任を最高裁判所において確定したのです。最高裁は水俣病の病像について、この2001年大阪高裁の判断を是認しました。

　その大阪高裁の判断とは、①水俣湾周辺地域において汚染された魚介類を多量に摂取したことの証明、②次の3要件のいずれかに該当するものであること、という基準でメチル水銀中毒を認定するという内容です。

　（ⅰ）舌先の二点識別覚に異常のある者及び指先の二点識別覚に異常があって、頚椎狭窄などの影響がないと認められる者

　（ⅱ）家族内に認定患者がいて、四肢末梢優位の感覚障害がある者

　（ⅲ）死亡などの理由により二点識別覚の検査を受けていないときは、口周囲の感覚障害あるいは求心性視野狭窄があった者

　すなわち最高裁も、感覚障害だけで水俣病と認めた大阪高裁の判断を承認したのです。

　1996年政治解決によって、水俣病の問題は終わったとされていました。しかし、関西訴訟最高裁判決によって事態は一変しました。なぜならば2004年関西訴訟最高裁判決が、国の厳しい判断基準よりも緩やかな条件で患者を水俣病と認定したため、これによって行政の認定基準が改められ、新たに救済を受けられるという期待が広がり、認定申請者が急増したのです。

　しかし、国（環境省）は「最高裁判決は認定基準を直接否定してはいない」と逃げ口上で判断基準を改めようとしませんでした。結

局、数次にわたる訴訟、そして最高裁判決を経ても、国は水俣病患者
の根本的な救済を頑なに拒む態度を明らかにしたのです。このような
国の態度を受け、国は裁判以外では動かないことを再認識した水俣病
患者の人々の中から、国を直接相手取った裁判をすることによる救済
を求めようとする人が増えていきました。

　そして、2005年10月3日、新たに不知火患者会会員で結成された50
名の原告団が、熊本地方裁判所に「ノーモア・ミナマタ国家賠償等訴
訟」を新たに提起したのです。

2

「ノーモア・ミナマタ国家賠償等訴訟」
たたかいの記録

1）裁判で目指したもの

　ノーモア・ミナマタ国賠等訴訟は、司法制度を活用して、大量・迅速な被害者救済の実現を目指すものでした。前述の「1996年政治解決」により、約1万人の被害者が救済されました。しかし、それでもまだ多くの未救済被害者が存在していると考えられていました。というのも、濃厚汚染時に不知火海沿岸地域には約20万人の住民が居住しており、水俣湾周辺の汚染された魚介類を多食した被害者は多数存在していると思われるのに、全般的な汚染の実態調査が行われていなかったからです。また、「金ほしさのニセ患者」などという攻撃が加害者側から行われており、更には差別、偏見をおそれて名乗り出ない状況も続いていたのです。

　しかし2004年関西訴訟最高裁判決が言い渡され、その中で認定基準が改められたため、救済を受けられるのではないかとの期待が広がり、多くの人が認定申請に立ち上がりました。しかし、国はこの最高裁判決にもかかわらず、認定基準を改めず、十分な救済策も取りませんでした。本来、数万人に及ぶ被害者の迅速な救済は、立法や行政施策で対応すべきですが、そのような措置が取られなかったのです。

　水俣病不知火患者会が母体となり、2005年10月3日、国、熊本県、チッソを相手に、最初の50人が賠償を求める訴訟を熊本地方裁判所に起こしました。原告らは当初から、訴訟上の和解手続きによる大量・迅速な被害者救済の実現を目指しました。というのは、ほとんどの被

害者は高齢であり、また未救済被害者は数万人いると考えられること
から判決で解決することになると数十年かかることが予想され、それ
では生きているうちには救えないような不合理な結果になってしまう
からです。

　和解といえば足して二で割るようなイメージがありますが、水俣
病の場合全く違います。水俣病の裁判史上、国が和解協議に応じたこ
とは一度もありませんでした。水俣病第三次訴訟においても、当時の
原告らが、「生きているうちに救済を」の合い言葉のもと、首相官邸
前で何日も座り込むなどの必死の運動を展開しました。しかし、国は
和解協議には一切応じなかったのです。国を和解のテーブルに着かせ
ること自体がたいへん困難な課題でした。

　私たちは、かつて国が拒否の理由としていた行政の根幹論（国賠
責任及び認定基準は行政の根幹にかかわる問題で、和解協議では解決
できないとの見解）は、2004年最高裁判決により、根拠を失ったと考
えました。そして、数万人に及ぶ被害者の迅速な救済を図る方法は、
訴訟上の和解手続きしかないとの結論に達したのです。私たちの構想
は、訴訟において医師団の診断書の正しさを徹底して証明し、大量提
訴により解決を国に迫り、裁判所の和解勧告という決断を引き出し、
協議を経て基本合意を行い、和解を実現するというものでした。

　第一陣提訴時、当時の環境大臣は、「和解はしない」と早々に拒
否をしました。原告らはたいへん悲しい思いをしましたが、多くの支
援と励ましを得て、5年半にわたるたたかいを続け、遂に2010年3月に
基本合意、2011年3月に和解を実現したのです。

2）裁判闘争の記録

（1）原告団を拡大し団結を維持するたたかい

　私たち、ノーモア訴訟原告団の裁判は、2005年10月3日、前述した
最初の50名すなわち第一陣原告団が熊本地方裁判所に提訴をするとこ
ろから始まりました。その後、同年11月14日には第二陣原告503名が
提訴し、私たちの裁判は一挙にマンモス訴訟となりました。

　しかし、水俣病の場合、地域には複数の患者会が存在し、ノーモア・ミナマタ訴訟原告団の母体である水俣病不知火患者会は、人数においては最大の患者会ではありませんでした。そして、そのように複数ある患者会組織の中で、裁判によって正当な補償を求めようとする団体は、多数派ではありませんでした。

　私たちの裁判が始まると、当時の環境大臣は、「原告とは和解しない」と言い切り、裁判に対して強気の姿勢をにじませました。それは、裁判外での救済を求める団体の中には、政府が示す救済策を受け入れる姿勢を持った団体が複数存在し、かつそれらの団体に所属する被害者の方が数の上では優位に立っていたことからでした。

　私たちのたたかいはそのような政府の強硬姿勢を崩し、私たち裁判原告団を政府にとって「到底無視できない交渉相手」にするところから始まりました。

　ⅰ）「すべての水俣病被害者の救済」を掲げての活動

　私たちは、不知火患者会会長であり、ノーモア・ミナマタ訴訟原告団長である大石会長がいつも口にする、「すべての水俣病被害者の救済」を旗頭に、私たちのたたかいこそがすべての被害者の救済につながるたたかいだと訴え、不知火患者会の会員とノーモア・ミナマタ訴訟の原告団を増やしていきました。

　いつの時代も、水俣病被害者にとって、情報は十分ではありませんでした。特に、現在の水俣病については、複数の補償制度が存在し、患者会の考え方も様々です。そんな中、自分にも水俣病の症状があるのではないかと考えた人たちが正確な情報を求め、多数不知火患者会に入会してきました。

　しかし、不知火患者会に入会する人たちすべてが、ノーモア・ミナマタ訴訟の原告になるわけではありませんでした。

　「裁判をする」ということは、被害者にとっては大変勇気のいることでした。私たちは、そのような抵抗感をなくし、多くの方に裁判原告となってもらえるよう、2009年1月より、不知火患者会会員の戸別訪問を開始しました。私たちは、その活動を「ジョイント2009」と

名付け、それまで約1,500名だった原告数を、約半年間で2,000名にすることを目指しました。同時に、近畿地方在住の被害者を中心に、大阪地裁への提訴も実現しました。原告数を増やすために、不知火患者会会員の戸別訪問、地域集会、裁判原告にも自分の親族や友人、知人で水俣病の症状がある人を裁判に誘うことを呼びかけました。また、地域に検診を呼びかけるビラの全戸配布、街頭での宣伝活動などをして、未だ声を上げられずにいる潜在被害者の発掘に努めました。

　また、これまでは取り組んでこなかった「対岸」の天草地域にも、未救済の被害者が多く残されているのではないかという予測のもと、同年4月1日には、上天草市龍ケ岳町樋島で住民対象の裁判説明会を実施しました。住民の大半が参加したのではないかと思われる100名を超える方々が参加し、裁判の説明に熱心に耳を傾けました。その後も各地で継続して集会を行いましたが、この樋島での集会は私たちに、天草地域での被害者の掘り起こしが必要だということを痛感させるものでした。これらの活動の結果、2009年7月末には、原告数を約1,900名にまで増やすことができました。

　原告数を飛躍的に増加させるきっかけとなったのが、2009年9月不知火海沿岸住民健康調査（大検診）でした。大検診は、水俣病患者7団体及び水俣病県民会議医師団、全日本民医連、地元医師会有志等で構成する実行委員会（実行委員長・原田正純熊本学園大学教授）が主体となって行われました。中でも不知火患者会は検診の呼びかけを大々的に行い、天草地域でも積極的に検診の受診者を募りました。

　大検診には、全国から約140名の医師が集まり、医療スタッフは実に約600名が参加しました。それらの医師やスタッフが、熊本、鹿児島両県の17会場に分かれ、2009年9月20、21両日で約1,000名の検診を行いました。大検診では、多数の潜在被害者が自らの症状を自覚し、補償を求めるに至ったという大きな収穫がありましたが、大検診がもたらしたものはそれだけではありませんでした。大検診に全国から多数の医師や医療スタッフが集まったことで、水俣病の診断についての理解が全国的に深まり、そのことが後の東京での提訴にもつながりました。また、不知火海沿岸地域から東京や大阪などの遠方に転居

した被害者が、水俣病の検診や治療を受けることのできる医療機関も増え、被害者にとって大きな支えとなりました。

　私たちは大検診の後、裁判の説明会を各地で精力的に展開し、裁判こそが正当な補償を得るための唯一の方法であると訴えました。中でも、行政の線引きにより、保健手帳や水俣病認定申請者治療研究事業医療手帳（認定申請者に対して認定審査会の結論が出るまでの間の医療費の保障を行うため、原則として認定申請後1年経過後に発行される手帳）の交付を受けられない地域の被害者は、最後の望みを裁判に託す形で、提訴を決意していきました。その結果、大検診後の2009年11月18日に、私たちは原告数2,000名を突破することに成功しました。

　このようにして原告数を拡大しただけでなく、地域での説明会や集会を重ね、原告の団結を維持したことで、原告一人ひとりの中に裁判に対する確信が生まれてきました。

ⅱ）原告団の切り崩しとのたたかい

　2008年の年末から2009年にかけ、当時の水俣病問題与党プロジェクトチームは、救済水準としては極めて不十分な解決策を打ち出しました。さらには、2009年7月8日、チッソの分社化を主な内容とする水俣病被害者の救済及び水俣病問題の解決に関する特別措置法（特措法）が成立し、政府は私たち原告団の切り崩しにかかりました。

　しかし、原告団が、これによって切り崩されることはありませんでした。政府の思惑を、原告団の拡大を続けることと原告の団結を強めることで打ち破りました。そして、行政による線引きをものともせずに原告団を拡大し続けたことと、いかなる切り崩しにも屈することなく原告団の団結を維持し続けたことは、政府にとっても脅威となり、原告団はもはや「無視できない集団」になったのです。

　特に、これまで水俣病の被害者は存在しないとされてきた天草の地域で多数の被害者が裁判に立ち上がったことは、政府にとっては脅威であったに違いありません。被害の拡がりが予測できないからです。もはや、原告団の勢いを止めるためには、原告団と交渉し早期に

裁判を終結するしかありませんでした。

　このようにして「拡大」と「団結」に取り組んできたことで、「原告とは和解しない」と言い切った国の態度を変えさせることに成功しました。その結果、裁判は和解協議に入り、特措法に基づく救済水準も事実上、裁判で合意される形になりました。

　その後、東京地裁への提訴も実現し、たたかいは全国区のたたかいとなりました。原告団は名実ともに、水俣病被害者をリードする団体となったのです。

（2）争点と訴訟活動

　ⅰ）争点としての病像

　ノーモア・ミナマタ訴訟では「原告一人ひとりが水俣病かどうか」が主な争点となりました。この争点は、具体的には次の3つに分けることができます。

　①水俣病は、実態としてどのような病気であるのか（水俣病の症候）

　②その実態を踏まえて、水俣病であるかどうかをどのようにして診断するのか（診察方法や診断基準など）

　③その診断基準に照らして、原告一人ひとりは水俣病と診断できるのか

　この①と②はすべての原告に共通する問題（病像総論）であるのに対し、③は個別の原告についての問題（病像各論）であると言うことができます。

　ⅱ）共通診断書の策定

　ノーモア・ミナマタ訴訟の原告の数は、2006年4月の時点で1,000名を超え、その後も増え続けることが予想されました。

　しかし、このような多数の原告について、一人ひとりが水俣病かどうかを裁判所に判断してもらうためには、気の遠くなるような長い時間がかかるのではないかとの心配がありました。そこで私たちは、診察の方法と診断書の書式を統一した「共通診断書」というものを用

いることによって、迅速・適切な判断が可能であると主張しました。共通診断書とは、当時熊本学園大学で水俣学を担当されていた原田正純教授の呼びかけによって、長年にわたり水俣病患者の治療・研究に携わってきた医師ら有志が集まり、検討を重ねてまとめた水俣病の診断書です。そこに集まったメンバーの思いは、水俣病の共通診断書を策定することによって、水俣病被害者の迅速かつ適切な救済を実現したいという一点でした。その検討の結果、①水俣病の診断基準、②診断に必要な共通の診察の手順、③診断書の書式が完成したのです。

　したがって共通診断書は、現在の水俣病の診断に関する集大成とも言うべきものです。

　この共通診断書の特徴として、次の3点が指摘できます。

　第1に、これは一般的なメチル水銀中毒症の診断基準を提示するものではなく、あくまでも、チッソの排水による巨大な環境汚染によって引き起こされた公害病としての水俣病の診断に関するものだということです

　第2に、共通診断書の作成手順で示された水俣病の診断基準は、水俣病の病像が争われた過去の裁判の判決をも踏まえて策定されているという点です。すなわち、この診断基準の正しさは司法の場で既に確認されたものであり、裁判所における適切な被害救済につながる基準を提示したものなのです。

　第3に、多数の原告を迅速かつ適切に救済するのに必要十分な診察項目を厳選したという点です。この共通診断書に記載されている項目をチェックすることにより、原告一人ひとりが水俣病であると診断できるし、被害の程度も把握できるよう工夫されているのです。

　私たちは原告全員について、この共通診断書の書式に基づいて個別の診断書を作成し、裁判所に提出することを決めました。原告一人ひとりが水俣病であることの立証は、この診断書だけで十分であると考えたのです。

ⅲ）高岡滋医師の証人尋問

　以上のような病像論や共通診断書が信用できるものであることを

明らかにするために、私たちは、高岡滋医師の証人尋問を実施しました。高岡医師は長年にわたり、水俣病患者の診療および研究を水俣の現地で行うとともに、共通診断書の策定でも中心となられた方です。この重要な証人尋問は、2007年7月25日から始まり、主尋問3回、反対尋問四回を経て、2009年7月3日に終わりました。この2年間にも及ぶ証人尋問において明らかにされた水俣病の最新の病像論は、まさに水俣病の裁判史上に記録されるべき貴重な尋問となりました。

　そもそも水俣病は、人類が初めて経験した未曾有の公害病です。その実態については、不知火海沿岸地域で健康障害を訴える多数の患者の中から見出すほかありません。ところが、水俣病の全ぼうを明らかにする調査研究はきわめて不十分でしたが、藤野糺医師の桂島の疫学研究である「慢性水俣病の臨床疫学的研究」に代表される県民会議医師団等によって、水俣病の実態が明らかにされてきつつありました。

　高岡医師の証言では、こうした歴史や自身による最新の医学的研究結果をも踏まえて、水俣病においては四肢末梢優位の表在感覚障害や全身性の表在感覚障害などが極めて特徴的に認められ、メチル水銀曝露歴のある者にこれらの症候が認められれば、水俣病と診断できることが明らかにされました。これに対して国・熊本県、チッソは、「全身性の感覚障害というのは、大脳等の病理所見と矛盾するのではないか」などと主張しましたが、高岡医師は、病理所見にも限界があること、自分たちの観察や他の医師の観察でも全身性感覚障害という現象が確認されており、その現象を非常に重視しなければならないことなどを反論しました。

　私たちが裁判所に提出した共通診断書は、診察の方法、正常・異常の判定方法、診断基準および診断書の書式が統一され、それに基づいて作成されています。

　高岡医師の証言では、感覚障害の診察には原則として筆と針による一般的な手法を用いること、感覚検査の数値化（定量化）や非汚染地域の調査等の研究成果を踏まえて診察方法と異常の判定を統一化したことで、所見の信用性が高められていることが明らかにされまし

た。

これに対して被告である国側は、「感覚障害の所見には客観性が乏しい」などと主張しましたが、高岡医師は、筆と針による感覚障害の有無のチェックは神経内科の基本であって、被告らの主張はまさしく医学の否定であると厳しく反論しました。

また被告らは、高岡医師の考え方について「医学的にコンセンサスを得ているか」とか「教科書に載っているか」などと繰り返し質問しましたが、高岡医師は、水俣病の臨床疫学的な研究はほとんどなされておらず教科書といえるものはないこと、多くの医師にとって国の定めた「昭和52年判断条件」すなわち国の厳しい認定基準の存在が、広汎な被害実態を明らかにするための臨床研究の妨げになっていることなどを反論しました。

水俣病の被害を矮小化する昭和52年判断条件に固執するあまり、現実をみようとしない被告らの不合理な態度が、まさに浮き彫りになった証言でありました。

高岡医師は、第一陣原告50名について、共通診断書やその元となる問診票、カルテなどを踏まえて、全員を「水俣病である」と証言しました。

これに対して被告らは、原告らの病気は「他の疾患や要因によるものである」などと主張しましたが、高岡医師は、共通診断書の書式自体が他疾患との鑑別ができるだけの項目を備えているだけでなく、共通診断書作成にあたって医師が十分な鑑別診断を行っていることを明らかにするとともに、ずさんな鑑別診断の主張をしているのはむしろ被告らの方であると反論しました。

以上のような高岡医師の証人尋問を通して、共通診断書の信用性が裏付けられたことは、その後の被告らとの和解協議におけるルール作りにおいて大きな力を発揮しました。被告らは、和解のルールとして「救済対象者の判定資料は、共通診断書ではなく、被告側が指定する医師の診断による公的診断書を基礎とすること」を考えていたようですが、最終的には「共通診断書と公的診断書の双方を対等の判断資料とすること」に合意しました。これは、共通診断書に記載された医

師の所見が信用できることを前提としたルールであり、高岡医師の証人尋問が成功していなければ実現できなかったものです。

　このように、高岡医師尋問は、水俣病被害者の救済を実現するにあたって大きな成果を上げました。

　iv）藤木素士博士の破綻（2009年11月13日証人尋問）

　ノーモア・ミナマタ訴訟では、水俣病の病像という争点のほかに、消滅時効や除斥期間（民法第724条）の規定により、国・熊本県・チッソが損害賠償責任を免れるかどうかも重要な争点となりました。

　国・熊本県は、裁判が始まってから約1年後の2006年11月20日の段階で、原告に水俣病の症状が発症してから20年を経過したことになり除斥期間が経過するため、国・熊本県は損害賠償責任を負わないと主張しました。また、チッソにおいても、2006年9月28日の段階で、国・熊本県と同様に20年の除斥期間を主張し、さらに水俣病第一次訴訟以来一度も主張しなかった「3年の消滅時効の経過」を突如持ちだし、これを理由に損害賠償責任を負わないと主張しました。

　特にチッソは、原告らに対して「関西訴訟最高裁の結論を見て気が変わったとしか言いようのない原告らの突然の請求は（中略）到底許されるものではない。1996年全面解決（1996年政治解決のことを意味していると考えられる）に至るまで長い間被告チッソに対し賠償や補償を求めてきた人々と、いわば権利の上に眠るがごとく日を過ごし全面解決の時ですら何ら行動を起こさずに今になって突然訴訟を提起する本件原告らとを時効・除斥の観点で、同列に論じることこそ、著しく合理性を欠いている」と述べ（2007年4月27日付け準備書面(4)）、消滅時効と除斥期間を全面的に主張しました。これらの主張は、原告らが水俣病患者あるいは水俣病被害者であったとしても、時の経過のみを理由にして、国・熊本県・チッソが、責任から逃れようとするもので許し難いものでした。

　このような国・熊本県・チッソの主張は、2004年関西訴訟最高裁判決でも一定の範囲で認められた除斥期間についての判断を、根拠と

するものでした。すなわち、この判決は、水俣地方から関西地方など
の遠方に転居した原告らについて、「転居の時から24年以内に認定申
請をしなかった場合」には、仮に、その原告が水俣病被害者であった
としても、除斥期間により国・熊本県は損害賠償責任を負わないとの
判断を示したのです。

　この判決における判断は、差別や偏見に苦しみ、症状があっても
水俣病被害者として名乗りを上げることができない被害者の現実を見
ないものであり、極めて不当というほかありません。だが、現実には
この判決でこの点が判示されており、さらに裁判では多くの裁判官が
最高裁判所の前例に従う傾向が強いことから、ノーモア・ミナマタ訴
訟でも、除斥期間の問題が重要な法律上の争点となることが予想され
ました。

　国・熊本県は、高岡滋医師の証人尋問への反撃のために、藤木素
士証人の尋問を用意しました。この藤木証人は、もともと微量の水銀
の測量に関する研究者でした。ノーモア・ミナマタ訴訟において、水
俣湾の魚介類に含まれる水銀濃度、住民の毛髪に含まれる水銀値、住
民の新生児の臍帯（へその結）に含まれる水銀値などの調査結果に基
づき、「アセトアルデヒドの生産を停止した1969年以降は水俣病を
発症するだけのメチル水銀による汚染はない」との証言をしました。
実は藤木証人は、いわゆる水俣病第三次訴訟の時から国側の証人とし
て、「1955年頃における科学的知見からすれば、国や熊本県が水俣病
の被害拡大についての責任を負う必要がない」、つまり、国・熊本県
の責任論を否定する根拠を証言し続けてきた人物でもありました。

　彼のノーモア・ミナマタ訴訟においての1969年以降水俣病は発症
し得ない程度の汚染しかなかったことの主張を通して、原告の全員に
つき20年間の除斥期間が経過した根拠となる証言を行いました。

　藤木証人の「1969年以降には水俣病を発症しうるほどの汚染はな
い」との証言も、実際に1969年以降に生まれた住民にも水俣病症状が
みられるという医師らの見解を真正面から封じることはできませんで
した。

　ノーモア・ミナマタ訴訟は勝利和解により終結したため、藤木証

人の見解についての裁判所の判断は示されませんでしたが、2011年の和解解決において、時の経過を理由に和解拒否された原告はいないこと、また、1969年以降に生まれた原告も、一部ではありますが水俣病被害者として和解の対象となったことからして、藤木証人の証言は全面的に否定されました。

　ノーモア・ミナマタ弁護団では、消滅時効、除斥期間の争点につき、他の訴訟の事例をもとにシンポジウムも開きました。また、複数の学者・弁護士の援助を得て、水俣病の原因究明を妨害し被害を隠し込んできた加害者側の態度からすれば、時効・除斥の主張自体が権利の濫用であること、さらに、時効や除斥の起算点を診断時や認定時と捉えて、すべての水俣病被害者に対する賠償を認めるべきであるとの準備書面を提出しました。

　しかし、時効・除斥の争点を突破するための最も本質的なポイントは、「未だに救済されていない水俣病被害者が多数存在することを社会的に明らかにすること」にほかなりませんでした。その意味で、最終的に3,000名規模に原告団を組織した原告団の拡大、及び、確固たる団結維持の取り組みと、医師団・支援の結束による水俣病患者掘り起こし運動、とりわけ、2009年9月20、21日にわたり、合計1,044名を対象に行われた不知火海沿岸住民健康調査（前述の大検診）の成功こそが、国・熊本県・チッソらによる時効・除斥の主張を突破する最大の鍵となりました。

3）全国的な運動の展開

（1）水俣病は終わっていない〜全国縦断ミナマタキャラバン〜

　いうまでもなく私たちのたたかいは、2004年関西訴訟最高裁判決を契機に立ち上がった被害者らが起こしたものでした。しかし、1996年政治解決で多数の水俣病被害者らの救済が図られたことから、全国的には、水俣病は終わったとの認識が一般的でした。私たちのたたかいは、その世論を動かし、今なお水俣病の被害者が多数取り残されており、その救済を図る必要があるということを周知するところから始

まりました。そこで私たちは、2008年5月16日から約2ヶ月をかけて、熊本から北海道まで、「水俣病は終わっていない」を合い言葉に、全国縦断ミナマタキャラバンを実施しました。

　キャラバンの出発式の日は、ノーモア・ミナマタ訴訟の第13回口頭弁論で、原告団の大多数を診断した高岡滋医師の証人尋問が採用され、裁判が大きな一歩を踏み出した日でもありました。キャラバンには、原告団、弁護団だけでなく、水俣病闘争支援熊本県連絡会議に所属する看護師も参加し、熊本地裁前から出発した全国キャラバン参加原告の体調の悪化にも備えました。

　2008年5月18日の福岡県を皮切りに、第1弾は広島県、岡山県、兵庫県、大阪府、京都府、愛知県、神奈川県の8府県をまわり、県庁訪問や支援団体への支援のお願い、街宣活動などを精力的に行いました。参加した原告は、「感覚障害」という見た目では分からない水俣病の症状を具体的に訴えました。被害者の生の声は、水俣病を知らない人々に衝撃を与え、公式確認から50年経ってもなお、水俣病被害者が、苦しみの中にいることを印象づけました。各地のマスコミも、キャラバンを取り上げて報道しました。その関心の高さには、私たち自身が驚かされるほどでした。そして、2008年6月2、3日の全国公害被害者総行動を中間地点とし、6月12日からキャラバンの後半戦がスタートしました。後半は、東京での念入りな訴えの後、千葉県、埼玉県、茨城県、栃木県、群馬県、新潟県、福島県、山形県、岩手県、青森県の10県を経て、北海道入りしました。

　私たちが北海道を目指したのは、2008年7月に北海道において洞爺湖サミットが開催されることから、サミットの議長国である日本で、50年以上にわたり解決されない公害問題があるということを世界に発信するためでした。もちろん、サミット会場に入ることはできませんが、北海道までキャラバンをつなぎ、札幌での国際シンポジウムや、大通公園でのリレートークに参加しました。熊本からは遠く離れた北海道の地で、「水俣病は終わっていない」ことをアピールし、約1ケ月半に及んだキャラバンは成功裏に幕を閉じました。キャラバンも後半になればなるほど周知されるようになり、マスコミにも大きく

取り上げてもらえるようになりました。そして、キャラバンで得たものは、全国的な支援の獲得だけではありませんでした。参加したすべての原告が、これまで人には話せなかった水俣病の被害を語ることが人々の共感を呼び、大きな支援につながることを実感し、自信を付けたことも大きな収穫でした。全国の仲間とともにこのようにして、運動体としての力を付けた私たちは、その後も現地での宣伝行動や原告団拡大の運動など、積極的な活動を続けることになりました。

　全国的な活動としては、全国の公害、薬害などの被害者団体が集い、関係省庁や加害企業との交渉や決起集会、街頭でのデモ、宣伝活動などを行う、全国公害被害者総行動（総行動）にも毎年参加しました。そして、水俣病問題は、総行動においても中心的な課題として取り上げられるようになりました。総行動への参加は、私たちと同様に公害や薬害の被害に苦しむ被害者らとの連帯を強固なものにし、全国的な運動の大きな足がかりとなるものでした。

（2）特措法による幕引きを許さない

　2009年7月8日には、「水俣病被害者の救済及び水俣病問題の解決に関する特別措置法（特措法）」が成立しましたが、この特措法の成立を阻止するための活動も、私たちのたたかいを大きく前進させるものでした。

　特措法は、当時の水俣病問題与党プロジェクトチームが提案した救済策について、私たち不知火患者会が明確にこれを拒否したことで、肝心の一時金の支払者チッソが、「最終解決にならない」と言って拒否したため、あらたに考案された法案でした。法律の名称は、水俣病被害者の救済をうたっていますが、被害者救済の内容は極めて不十分であり、実質的には加害企業チッソの分社化のための法案でした。被害者救済の内容は極めて不十分というのは、水俣病の加害責任が確定した国が被害者を選別するという制度を認めれば、被害者の大量切り捨てにつながることは明らかでした。一部の被害者団体はこれを歓迎しましたが、私たちは、これを被害者救済とは名ばかりの加害者救済、被害者切捨法案だとして認めることはできませんでした。

　私たちは、特措法の法案が与党案として浮上してきた2009年3月から、これを阻止する行動を始めました。まず、チッソ分社化がいかに許されないことかを訴えるため、同年3月4日、熊本市内で緊急シンポジウムを開催し、東京経済大学の除木理史准教授が分社化のスキーム（枠組み、ねらい、意味）について分かりやすく講演しました。

　また、原告団の団結をより強固なものにするために、ちょうど高岡医師の証人尋問が行われた同年3月13日には、尋問の昼休みの時間を利用して「特措法の国会上程に抗議する緊急集会」を開催し、特措法による解決には応じず、裁判を継続していくこと及び国会議員に私たちの考えを訴えていくことを確認しました。

　この頃から私たちは、度々上京し、国会議員に対し、水俣病問題の正当な解決を訴えていきました。6月2日には緊急の院内集会を行い、多数の野党議員が参加して私たちとの連帯を約束してくれました。しかし、当時野党であった民主党は、それまで熊本地方区選出の参議院議員が座長を務めていた「民主党水俣病対策作業チーム」の座長を解任し、民主党幹部に引き上げ自民党との合意を目指すようになりました。そのような民主党の動きにより、特措法の成立がいよいよ現実的なものとなってしまいました。

　私たちは、最後まで諦めずに特措法の不当性を訴えるため、6月25日から国会前での座り込み行動を始めました。さらに環境委員会所属の国会議員を中心に要請行動を行い、合わせて、国会前での宣伝行動も継続していました。私たちの行動には、様々な方が賛同してくれました。中でも、環境大臣が2005年に設けた水俣病問題懇談会の委員であった柳田邦男氏や加藤タケ子氏が特措法に反対する意見を表明したことは、特措法の不合理性を社会にアピールすることになりました。

　特措法に反対する患者団体も連帯しました。このときの運動に共同して取り組んだ新潟水俣病阿賀野患者会とは、その後ノーモア・ミナマタ水俣病被害者・弁護団全国連絡会議（全国連）を結成し、和解まで共同してたたかうこととなりました。私たちへの支援の輪も、目に見える形で大きなうねりとなっていきました。座り込みを続けたことで、毎日、国会議員や支援団体の幹部、他の公害被害者など、多数

の方々が応援に駆けつけてくれました。このときの連帯が、東京での支援の輪を広げ、後の東京提訴に大いに役立ったことは間違いありません。

　特措法は、私たちの徹底的な反対を押し切り、2009年7月2日には自民党、公明党、民主党の三党合意に至り、7月3日には衆議院で、7月8日には参議院でそれぞれ可決され、成立しました。私たちは、特措法の成立に憤りましたが、皮肉にも特措法が成立したことで水俣病問題が全国的に報道され、社会の関心を得ることになり、水俣病問題の解決が国政の重要課題となりました。また、特措法を阻止する運動と、民主党の水俣病対策作業チームに所属していた国会議員らの熱心な説得により、特措法の内容をより被害者救済に資するものとすることもできました。

（3）特措法成立後のたたかい

　特措法を巡るたたかいで、私たちは、最後まで諦めずにたたかうことが大きな成果を生むことを学びました。このとき、特措法は水俣病被害者の救済の枠組みを定めただけで、救済内容はまだ白紙の状態でした。私たちは、裁判外の被害者のためにも、よりよい救済内容を勝ち取る必要がありました。私たちは、被害者救済の水準をよりよいものとするために、特措法成立後も継続して上京し、私たちの考えを伝える通信を作成して国会議員らに訴えました。原告団を拡大する運動も続け、首都東京での提訴も実現しました。

　それらの活動の一つの集大成が、2011年勝利和解であったことは間違いありません。

　しかし私たちのたたかいがこれで終わるわけではありません。「すべての水俣病被害者の救済」をかかげ、未救済の被害者がいる限り、私たちはたたかい続けるでしょう。そして、水俣病の教訓を国内だけでなく、世界に発信していかなければなりません。

3

2011年勝利和解の内容と成果

1）和解所見による基本合意まで

　2009年7月8日に水俣病特別措置法が成立したことを受け、私たちは、「水俣病被害者をもれなく救済するのはやっぱり司法」であることを明らかにしながら、国・県・チッソに対し、裁判上の協議に基づく早期和解を求めていくことにしました。

　ノーモア・ミナマタ訴訟においても、被告らは、「感覚障害だけでなく複数の症状がなければ水俣病とは認めない」、「四肢末梢優位の感覚障害でなければ水俣病特有の症状とは言えない」など、水俣病像を狭く捉える考え方に固執していました。ところが、高岡滋医師の証人尋問をふまえ、特措法では、感覚障害だけでも水俣病とし、全身性の感覚障害も水俣病として認めざるを得なくなりました。

　また被告らは、「原告らは訴え出たのが遅すぎる」などとして、消滅時効・除斥期間による制限を主張していました。ところが、増え続ける被害者の前に、特措法では、期間による制限を設けることは出来ませんでした。

　こうして、被告らが訴訟で主張していた大きな2つの争点は、特措法の制定によって実質的に決着を見ました。そこで原告団は、同年7月31日に69名の追加提訴を行うとともに、同年8月9日には1,200名で決起集会を開き、「今こそ、被告らは、裁判上の協議に基づく早期和解のテーブルに着け！」とのたたかいを展開していくことを決議したのです。

　同年8月23日には水俣市で、熊本、近畿、新潟の原告団・弁護団と

東京の弁護団が、「ノーモア・ミナマタ被害者・弁護団全国連絡会議（以下「全国連」）」を結成しました（のちに東京原告団も加盟）。全国連は、全国の潜在患者を救済するうえで大きな役割を果たすとともに、その後の和解協議を共同歩調で進める際にも重要でした。

　同年9月20、21日、不知火海沿岸17会場で、1,000人を対象とした沿岸住民健康調査が実施されました（原田正純実行委員長）。詳細は先に述べたとおりですが、この健康調査の結果は、それまで行政が「水俣病被害者はいない」としていた地域や世代にも多くの被害者が埋もれていることを社会的に明らかにし、被告らを震撼させました。

　そして国は同年11月、ついに、裁判上の和解に向けた原告団との事前協議を開始せざるを得なくなりました。事前協議では主に、補償内容や判定方法について協議を重ね、論点を整理していきました。そして、2010年1月22日、熊本地方裁判所（高橋亮介裁判長）から当事者双方に対し、解決に向けた和解勧告が出され、ただちに和解協議に入りました。和解協議では、補償内容や判定方法のほか、対象地域や年代をどうするかについても、双方の考えを裁判所に訴えました。

　一方、2009年2月27日に近畿在住の被害者12名が大阪地裁に提訴したのに続いて、熊本地裁で和解協議が開始された直後の2010年2月23日、関東在住の被害者23名が、東京地裁に提訴しました。近畿と東京での提訴は、和解協議のスピードを加速させるとともに、県外転居者救済の必要性を国につきつけることになりました。

　3回の和解協議を経て、熊本地裁は2010年3月15日、解決所見を示しました。解決所見は、後で述べる和解の骨子となるものですが、三本柱（一時金・医療費・療養手当）の救済内容をはじめ、第三者委員会による判定方式、地域外原告を含む判定方法など、幅広い救済を求める原告らの意見を組み入れたものでした。原告団は、ただちに29地域で集会を開き、計1,000名を超える原告の参加で、解決所見について協議しました。そのうえで同年3月28日、水俣市総合体育館で1,050名の参加をもって総会を開き、圧倒的多数の賛成で解決所見の受け入れを決めました。そして、被告らも解決所見の受け入れを決めていましたので、同年3月29日、熊本地裁で和解に向けた基本合意が成立し

たのです。

2）判定作業から和解成立まで

　原告団は、原告全員に第三者診断の意義やその後の手続を理解してもらいながら、第三者診断に臨みました。第三者診断前に死亡した原告でも、生前に公的検診を受けていればその結果を用いることで救済対象になりうることも交渉で勝ち取りました。

　御所浦を除く天草など、いわゆる対象地域外の原告については、水俣湾周辺の魚を多食したことについての資料作成・収集を行いました。

　弁護士が原告一人ひとりから話を聞き、供述録取書という形でまとめ上げたうえで、弁護士立ち会いのもと熊本県、鹿児島県の担当者が原告からヒアリングを行いました。

　第三者委員会は、座長の吉井正澄氏（元水俣市長）のほか、原告推薦の医師2名、被告推薦の医師2名の計5名で構成され、診断結果や疫学資料をもとに、毎回、熱心かつ公平な討議がなされました。第三者委員会の判定結果をふまえ、30地域で集会を開き、計1,700名を超える原告の参加で、和解の可否について協議しました。そして、2011年3月21日、芦北スカイドームで1,512名の参加をもって総会を開き、圧倒的多数で和解することを決めました。次いで、3月24日に東京地裁、25日に熊本地裁、28日に大阪地裁でそれぞれ和解が成立したのです。

3）和解の内容

　補償内容は、①医療費、②療養手当、③一時金の三本柱の給付です。

　①医療費については、健康保険の自己負担分を国・県が補助することにより実質無料化され、一生涯、安心して医療を受けることができます。

　②療養手当は、入院した場合月額17,000円、通院の場合70歳以上なら15,900円、70歳未満なら12,900円です。これも生涯給付という点では、大変大きな補償です。

　そして、③一時金210万円に加え、団体一時金34億5,000万円（近畿・東京を含む）が支給されました。一時金の額は、2004年関西訴訟最高裁判決の水準に達しませんでしたが、医療費、療養手当を含む三本柱の給付となったこと、提訴から5年半という比較的短期間で勝ち取ったことを考えれば、原告団のたたかいの大きな成果と評価できます。

　環境省の環境保健部長は、「受診者がうそをついても見抜けない」「不知火海沿岸では、体調不良をすぐ水俣病に結びつける傾向がある」「カネというバイアスが入った中で調査しても、医学的に何が原因なのかわからない」など、あたかも原告らが「ニセ患者」であるかのごとき暴言で物議を醸しましたが、水俣病被害者と認めさせたうえでの和解を勝ち取ったことも、原告らにとっては大切なことです。

　基本合意で、「被告らが責任とおわびについて具体的な表明方法を検討する」とされていたことをふまえ、2010年5月1日、内閣総理大臣として初めて当時の鳩山由紀夫首相が水俣病犠牲者慰霊式に参加し、「水俣病の被害の拡大を防止できなかった責任を認め、改めて衷心よりお詫び申し上げます」と述べ、熊本県知事も同様に謝罪しました。

　なお、「国は、メチル水銀と健康影響との関係を客観的に明らかにすることを目的として、原告らを含む地域の関係者の協力や参加の下、最新の医学的知見を踏まえた調査研究を行うこととし、そのための手法開発を早急に開始するよう努める」と和解調書に明記させたことは、「すべての水俣病被害者の救済」を目指す不知火患者会にとって、不知火海沿岸住民の健康調査を実施させる足がかりとなるものです。

4）裁判上の和解の意義

　今回の和解は、給付内容もさることながら、大きく4つの点から評価できます。

　第1に、今回の和解は、40年に及ぶ水俣病裁判史上初めて、国を裁判上の和解のテーブルに着かせ、原告団と一緒に解決策を模索させた結果、勝ち取った点です。2004年関西訴訟最高裁判決で、水俣病の拡大に関する国と熊本県の法的責任が断罪されるとともに、国の厳しい認定基準が事実上否定されたことを受け、原告50名が、2005年、熊本地裁にノーモア・ミナマタ訴訟を提起し、「裁判所で協議して大量の被害者を早期に救済するためのルール（司法救済制度）を決めるべき」と提案しました。仮に、水俣病として補償を受けるべき被害者が50名しかいなかったとすれば、全員について判決を目指すとの方針をとることもあり得たかもしれません。しかし、2005年第一陣原告が提訴した時点で、すでに1,000名を超える被害者が熊本県と鹿児島県に対して認定申請をしており、まだまだ名乗り出ていない潜在患者が多数いることは明らかでした。そこで私たちは、数千、あるいは数万単位の被害者を早期に救済するためには、国、熊本県、チッソと、2004年関西訴訟最高裁判決に沿って和解することが必要かつ可能と考え、司法救済制度の確立を提案したのです。

　これに対し、2005年第一陣提訴当時の環境大臣は、「原告らとは和解しない」と言い放ちました。しかし国は、2009年、水俣病特別措置法の制定後も増え続ける原告団に対し、「原告とは裁判上の和解によって解決を図る」と方針転換せざるを得なくなり、特措法の具体化より先に原告団との和解のルールを決めるための協議を重ねたのでした。裁判上の和解を目指す以上、和解内容について原告団の納得が不可欠となり、ここに特措法による一方的な判定との大きな違いを生み出しました。その結果、第三者委員会による判定という、大量の原告を早期かつ公正に救済するためのルールを作り上げることができ、近畿・東京も含む2,992名の原告のうち2,772名（92.6%）が一時金等の対象となり、医療費のみの対象者22名とあわせ93.3%の救済を勝ち取

ることができたのです。

　第2に、行政単独の被害者選別を廃止させ、「第三者委員会」を加えた点で画期的です。

　これまで、「『誰が被害者か』については、行政（の指定した医師）が決める」というのが、国の一貫した政策でした（「行政の根幹」論）。これに対し、原告団は、「最高裁判決で加害者と断罪された国が、『誰が被害者か』を決めるのはおかしい」と批判しました。そして、高岡滋医師の証人尋問を実施し、県民会議医師団による「共通診断書」の信用性を明らかにしました。その結果、熊本地裁の解決所見は、委員の半数の人選を原告側に委ねる「第三者委員会」による判定方式を採用したうえ、県民会議医師団が作成した「共通診断書」を第三者（公的）診断結果書と対等に判定資料とすることとしました。すなわち、「誰が水俣病被害者か」についての判断権についての行政の独占を突破したのです。

　また、国（行政）がこだわってきた病像においても、全身性の感覚障害も水俣病と認めさせるなど、救済対象を広げました。これらは、他の公害被害者・薬害被害者認定の場面においても、大きなインパクトを与えるものといえるでしょう。

　第3に、天草をはじめ、これまで対象地域外とされてきた地域でも、約7割という高い救済率を勝ち取り、事実上、対象地域を大きく広げたものと評価できます。これまで行政は、行政区域で線を引き、地域外の者については、メチル水銀の曝露がないとして、救済を拒んできました。しかし、魚介類の摂取状況に関する供述録取書の作成や県のヒアリングへの立ち会い、ねばり強い和解協議を通じて、これまで行政が「水俣病の被害者はいない」としていた地域に多数の被害者がいることを認めさせたことは、地域外での特措法による救済の道を大きく開いたといえます。また、これまで1968年末までに出生した者に限っていた曝露時期についても、1969年11月30日生まれまでに拡張させるとともに、それ以降についても、一定の条件で対象者にすることができました。こうして、地域や年代による線引きを突破したことは、「すべての被害者救済」に向けての大きな成果です。

　第4に、時効・除斥なき救済を勝ち取った点でも画期的です。チッソは原告らに対し、「権利の上に眠る者は保護に値しない」などとして時効による賠償請求権の消滅を主張し、国、熊本県も、すでに水俣病を発症して20年以上経つのだから、除斥期間によって権利主張が認められないなどと主張しました。じん肺（労災）や肝炎（薬害）などの裁判では、除斥期間によって原告の権利主張が制限されることがあります。しかし、ノーモア・ミナマタ訴訟においては、「公害に時効なし」との立場から、「原因企業であるチッソが消滅時効の主張をすること自体信義則に反し許されない」ことを裁判所の内外で明らかにするとともに、国・熊本県による除斥期間の主張についても、「水俣病の診断の難しさ、差別・偏見が根強いもとで水俣病として名乗り出ることの困難さを考えれば、発症してすぐに訴え出ることがいかに大変であるか」を明らかにしてたたかいました。そして、大量の被害者を前に、国は、水俣病特措法において除斥期間を設けることができず、ノーモア・ミナマタ訴訟においても除斥期間による差別をいうことはできなくなったのです。

　以上4点が、ノーモア・ミナマタ訴訟のたたかいの成果です。

むすび

水俣病問題の今後

　環境省は、2012年7月31日、水俣病被害者救済特別措置法（水俣病特措法）による水俣病救済策の申請を終了した。この段階までに申請者は65,151人に及んだ。しかしながら、行政は、申請者の処分の内容を明らかにしようとしない。しかし、チッソの2013年3月期連結決算などから、チッソが特措法の対象者のうち27,770人に一時金210万円を支払っていることが判明している。しかしながら、水俣病特措法により救済されなかった人たちについて、環境省と熊本県・鹿児島県は異議申立ができないという態度を取っている。ところが、新潟県では異議申立ができるとしており、水俣病をめぐる行政の対応は別れている。

　こうした中で、さらに水俣病特措法の申請〆切に関連して、国や県は、次の者たちの申請の道を閉ざしたという問題点が指摘されている。

　第1に、濃厚汚染の時期に山間部には行商で汚染魚が運ばれた歴史があり、この発掘調査が遅れていること。

　第2に、熊本や鹿児島で対象地域外に住む人たちの発掘調査である。熊本では天草地域がそうであり、鹿児島でも内陸部がそうである。

　第3に、水俣病が発症したとされる1968年12月までは救済の対象であるが、それ以降生まれたものは対象者とならないということである。もっとも、2011年3月の裁判所での和解では、この制限と第2の制限を受けた者も救済対象としている。今後は水俣病特措法の制限を外

す必要があろう。

　第4に、例えば、濃厚汚染地域の津奈木町では、濃厚汚染時期以降町民の半数が町を出て都会に移り住んでいる。その調査はなされていない。

　ところで、チッソは2011年1月、水俣病特措法に従い、「JNC株式会社」を設立し、同年4月チッソはJNCに全事業を譲渡した。しかし、2004年10月15日、最高裁判所は、感覚障害だけの患者について国と熊本県の賠償責任を認めた。したがって、感覚障害だけの水俣病患者の救済をしない限り、すべての水俣病患者の救済は終わらない。

　さらに、2013年4月16日、最高裁判所は、感覚障害だけの患者であっても、行政認定上水俣病であるとして認定する判決を下している。したがって、今後は、感覚障害だけの者であっても、裁判で行政による水俣病患者として認定されるか、民事上の損害賠償を求めることもできることになる。

　そして、2013年6月20日、48人の原告が水俣病患者としての損害賠償を求めて、国・熊本県などを被告に裁判を熊本地裁に提起した。

　政府が、水俣病を公式に確認したのは、1956年5月1日である。その日から57年経ったが、まだ水俣病をめぐる裁判は続いている。最後の一人の水俣病患者が救済されるまでたたかいは続いていくであろう。

　「公害は被害に始まり被害に終わる」というが、水俣病も未だに解決を見ていないのである。

國家圖書館出版品預行編目資料

拒絕水俁：以司法解決的道路／水俁病不知火
患者會, 拒絕水俁國賠等訴訟辯護團, 拒絕水俁編輯
委員會編輯；鳥飼香代子, 董怡汝, 青山大介譯. --
初版.--臺北市：五南, 2015.03
　面；　公分.
　ISBN 978-957-11-8066-3（平裝）
1. 公害糾紛　2. 水俁病
445.99　　　　　　　　104004006

4T76

拒絕水俁：以司法解決的道路

作　　　者 ― 水俁病不知火患者會
　　　　　　 拒絕水俁國賠等訴訟辯護團
　　　　　　 拒絕水俁編輯委員會
譯　　　者 ― 鳥飼香代子　董怡汝　青山大介
審　　訂 ― 安井伸介
發 行 人 ― 楊榮川
總 編 輯 ― 王翠華
主　　編 ― 劉靜芬
責任編輯 ― 張婉婷
封面設計 ― P. Design視覺企劃
出 版 者 ― 五南圖書出版股份有限公司
地　　址：106台北市大安區和平東路二段339號4樓
電　　話：(02)2705-5066　傳　真：(02)2706-6100
網　　址：http://www.wunan.com.tw
電子郵件：wunan@wunan.com.tw
劃撥帳號：01068953
戶　　名：五南圖書出版股份有限公司
台中市駐區辦公室/台中市中區中山路6號
電　　話：(04)2223-0891　傳　真：(04)2223-3549
高雄市駐區辦公室/高雄市新興區中山一路290號
電　　話：(07)2358-702　傳　真：(07)2350-236
法律顧問　林勝安律師事務所　林勝安律師
出版日期　2015年 3 月初版一刷
定　　價　新臺幣250元